畜牧技术推广员推荐精品书系

养鸡致富诀窍

张贵林　张　琦　主编

中国农业出版社

编　者

主　编　张贵林　张　琦

副主编　李　岩　王文中
　　　　　赵　凡　张志刚

参　编　张贵林　张　琦
　　　　　李　岩　魏丽杰
　　　　　史英奇　张志刚
　　　　　王文中　赵　凡
　　　　　张志勇　祝晓明

本书声明

兽医科学是一门不断发展的学科，标准用药安全注意事项必须遵守。但随着科学研究的发展及临床经验的积累，知识也不断更新，因此治疗方法及用药也必须或有必要做相应的调整。建议读者在使用每一种药物之前，参阅厂家提供的产品说明以确认推荐的药物用量、用药方法、所需用药的时间及禁忌等。医生有责任根据经验和对患病动物的了解决定用药量及选择最佳治疗方案。书中介绍了多种养鸡的方法，由于养殖户的饲养条件、养殖地域、饲料来源地等不同，养殖效果也不尽相同，建议读者在参考本书中的方法时，根据自己的养殖实际情况，进行适当的选择和调整。出版社和作者对任何在饲养和治疗中所发生的对患病动物和/或财产所造成的伤害不承担任何责任。

中国农业出版社

前言

Foreword

近30多年来，我国养鸡业发展形势良好，鸡蛋、鸡肉产品市场供应充足。动物食品人均占有量成倍增长，鸡产品在人们膳食结构中占据了一定地位。尽管如此，养鸡数量多并非是我国养鸡水平高的标志，多年来我国仍然没有跨入世界养鸡先进国家行列。但是，越是落后，努力的方向就越多，发展创新的空间也越大。

纵观我国养鸡业的发展趋势和存在的问题，参照世界养鸡先进国家最新的经验和信息，我们要紧紧围绕增强养鸡经济效益这个核心，努力提升养鸡生产水平，提高鸡蛋、鸡肉的营养和风味；广开门路，大力发展蛋品深加工，扩大销售渠道；改进快大型肉鸡的质量，采用中药预防和治疗鸡病，冲破国际上的绿色壁垒，增加国际市场占有份额；充分挖掘生产潜力和自我优势，生产各种保健蛋，提高鸡蛋自身价值，增添鸡蛋销售的花色品种，为人类健康服务；发展昆虫养殖业，为鸡提供更多高质量的活性饲料，降低成本，为解决世界上蛋白质饲料缺乏的问题闯出一条新路；发展规模养鸡生产，增加养鸡业抗击风险的能力，降低养鸡的死淘率。同时我们收集了古今中外30多种药疗蛋的生产方法，这也是该书内容的独一无二之处。本书对关系我国养鸡业生产中的瓶颈问题及我国跻身世界养鸡业先进国家行列的措施等重要问题，提出了粗浅的解决办法。

《养鸡致富诀窍》一书的形成，是我们结合生产实践，并经过多方努力，在浩如烟海的国内外资料积累中，科海拾贝，沙里掏金筛选出来的，且是经过众多养殖者反复验证的结果。

本书内容具有三大特点：一是内容新颖。书中新技术、新举措众多，这些经验和窍门是养鸡专著中很少涉及的，为此做点拾遗补缺，这些新举措充分显示了具有中国特色的养鸡新技术。二是技术出奇。别人并不重视，确有出奇制胜之功。小小的昆虫养殖，不但提高鸡蛋、鸡肉的风味，节约粮食，降低成本，还能解决世界蛋白质饲料缺乏的问题。三是方法独特。鸡日产两个蛋、蛋的大小、孵鸡时多孵母鸡、蛋鸡产蛋4年以上都由人工控制等，可称一绝。

总之，该书的出版是我们博采众长，集国内外经验综合的产物。不是我们言过其实、故弄玄虚，而是实实在在，使用起来具有很强的实用性。希望本书的出版，可以促进我国养鸡业的发展，解决养鸡生产中的实际问题，给读者一点启迪和借鉴，为推动我国养鸡业跻身国际养鸡先进行列起到点滴作用而深感欣慰。

由于作者的水平有限，书中不足和错误之处在所难免，敬请读者阅后提出，以便改进和完善。

编　者

目录

Contents

第一章

概　　论

我国是世界养鸡大国，多年来我国鸡蛋产量居世界第一位，肉鸡的生产数量仅次于美国居世界第二位。我国虽然是养鸡大国，且久盛不衰、发展势头良好，但至今还没有跨入世界养鸡先进国家行列。主要表现是：分散养鸡数量多，产业化程度低；养殖水平差，技术含量低；产品质量不佳，产品深加工数量少；应激发生频繁，鸡的死淘率高；资源损失浪费大，产品占据国际市场份额小；鸡蛋花色品种不齐全，销售渠道狭窄等，归根结底是总体效益不高。这几年蛋鸡生产存在很多不足和缺失，处于两年赚一年亏的局面，严重影响养殖者的利益。

我国的肉鸡生产发展空间较大，名优产品没有占主导地位。每年都有部分禽肉进口，国内的肉鸡生产没有显示出强劲发展势头，且经常出现非常规性的周期波动。主要原因是占我国人口70%的农村人口的食品结构还没有发生重要变化，没有把肉鸡当做普通食品消费；再者快大型肉鸡不适合我国大多数人的食用口味，家庭散养土杂鸡保持了原始风味，随杀随吃鲜活鸡的习惯仍占据部分农村消费市场。

一、我国蛋鸡生产中存在的问题

作者认为我国蛋鸡生产中存在的不足主要表现在以下几个方面。

1. 养鸡生产规模化程度低　在我国一家一户养鸡仍占较大比例，这种养鸡方式带来许多很难解决的问题。一家一户分散养鸡，一个人身兼数职，品种的选择、规模的确定、饲料的配制、饲养与管理、疫病的防控、市场的分析等都由一个人承担，一个环节出现失误，就会造成重大经济损失。这种小规模饲养，抗风险能力差，很难保证产品质量，疫情控制、社会化服务等很难到位。农户个体养鸡，大多防患意识不强，有时因资金和条件所限，饲养环境脏、乱、差，不按程序进行预防接种，不及时驱虫，不按时清除粪便，不注意消灭蚊蝇，无形杀手在鸡舍中泛滥，时常造成鸡只疾病频发而大批死亡。

实践证明，千家万户养鸡不是我国养鸡发展的根本出路，分散养鸡生产是一种低效益、低质量、低环保的养鸡方式，不适应市场经济发展的需要，不利于增加农民收入，不能迅速提高养鸡生产水平。

2. 蛋品深加工比例小，影响蛋鸡生产效益的提高　世界养鸡先进国家，在20世纪90年代就广泛开展蛋品深加工。蛋品深加工，一是拓宽了鸡蛋销售途径，使鸡蛋的利用方法多种多样，应用领域更加广泛；二是通过深加工大大提高了鸡蛋的附加值，提高了经济效益；三是提高了鸡蛋产品的卫生质量，保证了食用安全；四是方便企业再加工利用，提高生产效率；五是带动蛋品深加工生产设备的创新，促进了经济的发展。

3. 保健蛋畅销世界，我国才刚刚起步　20世纪90年代，保健蛋就在国外盛行，现在已经遍及世界大多数国家。保健蛋最早产于我国，早在300多年前，明朝李时珍《本草纲目》引唐·陈藏器《本草拾遗》中就有石英蛋的记载：英鸡出泽州有石英处，常食碎石英，状如鸡，而雉尾，体热无毛，腹下毛赤，飞翔不远，肠中有石英，人食之取石英之功（石英有益阳事），补虚损，令人肥健悦泽，食能不怕冷，常有实气而不发之效。这是我国民间生产石英蛋的最早记载。清乾隆年间，大富商黄均大，异想天开生产药蛋，他的方法很简单，将人参、黄芪等研成细末喂母鸡，母鸡所产鸡蛋营养丰富，具有人参和黄芪的功效，可治疗身体虚弱、年老肾虚、阳痿等多种疾病。

研究、生产保健蛋，化验手段要跟上，没有科学依据的产品，不会被广大消费者认可。据报道，云南昆明一家牧业公司推出的“三七药疗鸡蛋”已销往美国市场。

4. 鸡蛋品质有待提高，“洋鸡蛋”有被淘汰的可能 我国引进很多国外蛋鸡品种，并引入新的养殖方式——笼养。这些品种用料少、成本低、产蛋量高，优于我国地方土杂鸡。但其所生产的鸡蛋品质差，缺乏我国鸡蛋的原始风味。

鸡蛋的质量主要体现在蛋黄、蛋清上。蛋黄的颜色不鲜艳，主要是饲料中胡萝卜不足及缺乏苜蓿和松针粉等。蛋黄中的胡萝卜正是人体所需要的——号称“小人参”。蛋清中因某种成分缺乏，其黏稠度不足，如果黏稠度高，吃起来味道香醇，口感好。这些问题与鸡日粮配合有直接关系。只要调整饲料配方、补充营养成分都可以解决。如果饲料中加喂些昆虫，蛋黄、蛋清质量都可以得到改善。在饲料蛋白质不足时，常使用一些代用品，如鱼粉，但如果应用过量，鸡蛋中常产生腥味；蚕蛹也是蛋白质的代用品，使用过量鸡蛋中会产生臭味；菜籽粕、棉籽粕也是黄豆粕的代用品，价格低，用量超过7%时，常出现血斑蛋、海绵蛋。这些问题必须在生产实践中努力解决。

5. 驰名品牌没有树立，市场占有率很低 我国地方鸡产的蛋，无论在质量上、风味上都优于引进品种鸡所产的鸡蛋，虽然生产效率低、饲养周期长、蛋小、总体数量少，但是仍然保持鸡蛋的原始风味，这一优势符合人们想往回归自然的愿望，符合人们生活水平提高的需求，符合世界性对动物饲养中实行人性化管理的要求。我们要抓住这个大好商机，努力发展具有中国特色的蛋鸡、肉鸡新品种，创立我国自有知识产权的驰名品牌。如药疗蛋、虫子鸡蛋、乌鸡蛋、绿壳鸡蛋、三黄鸡蛋等，先占领国内市场，逐步打入国际市场。

6. 滥用化药现象比较普遍，急待加以解决 化药功能单一、毒副作用较大。世界养殖业发达国家，对一些毒性较大的化药有的被淘汰，有的被限制使用。我国对化药的控制使用还不严格，原因是广大农村养殖户对此类知识知道的太少，对化药的毒副作用认识不够，对滥用化药现象控制不严。如磺胺类药物广泛用于治疗、预防球虫病，对鸡白痢、禽霍乱等都有效果。但是，用量过大、时间过长会引起鸡中毒；喹乙醇又称快育灵，对家禽有较好的促进生长和抗菌作用，是养鸡业常用添加剂之一。用于抗菌时每千克体重为5毫克，每天2次，如果超量或用药时间过长也会导致鸡中毒。此外，四环素、氨茶碱、氨基糖苷类抗生素等，对治疗鸡病都具有一定效果。但是往往治好这种病，因为毒性大又会引起另外的病，有的直接影响蛋鸡的产蛋量，降低经济效益；时间过长，还会引起鸡中毒，没中毒的鸡会引起有害残留超标，危害人体健康，后患无穷。

二、我国肉鸡生产中存在的问题

1. 引进的国外大型肉鸡不适合我国消费者的口味　改革开放以来，我国为了发展养鸡业，从国外引进很多大型肉鸡品种。其特点是体型大、长得快，一般50日龄就可以出栏上市。这些优良品种确实生产效率高、成本低，这二十多年来几乎占据了全国肉鸡市场。但这种鸡越来越不受广大消费者的喜欢。人们称这种鸡为“洋鸡”或者为“饲料鸡”，主要是缺乏中国地方土杂鸡的原始风味，吃着有点懈口，味道不够香醇浓郁，且含胆固醇高等，尽管价格低，也有部分消费者认可花高价也要买土杂鸡。如果再不加以改进和提高大型肉鸡的风味，大有被地方土杂鸡取而代之的可能性。

2. 笼养鸡限制了肉鸡鲜活产品优势的发挥　随着人们生活水平的提高，健康环保意识的增强。人们在吃的方面越来越讲究，吃肉要求不过夜，讲究鲜嫩，吃鱼要吃鲜活，买鸡肉要买鸡腿、鸡翅等部位。在笼养的严格控制下，鸡的一切自由运动被禁止，如同在困笼中勉强生存，鸡喜欢吃的饲料根本吃不到，在这种环境下让鸡生产出高质量的产品是不可能的。

3. 肉鸡体内有害残留超标问题解决不彻底　人们吃鸡肉是为增加营养，促进人体健康，所以肉鸡质量的好坏与人的健康关系极大。国外对进口肉鸡的质量控制十分严格，一旦发现鸡肉中药物残留超标，拒收退货。20世纪90年代，日本因克球粉残留超标，拒收我国肉鸡产品。时至今日，对肉鸡生产中有害残留超标问题，大型肉鸡出口企业认识十分明确，措施也很到位。但是个体养殖户对此知道的很少，认识并不深刻。但是，解决这个问题并不难：一是提高认识，是否认真控制有害残留超标，应提到对人的健康是否负责的高度。二是提高产品质量，质量是信誉的保证，是关系企业和养鸡者存亡的关键。三是鸡有病时，在防治中尽量利用中草药制剂、生物制剂、酶制剂，这些药物的应用效果并不比化药单体功能差，很多中药既有抗菌、抑菌能力，又能增强鸡的营养成分；既能防病，又有促进增长的功能。四是在缺医少药时，尽量采用土法良方，药物可以就地取材，有利于疫情的控制，并防止扩散，且能降低医疗费，而反复用药，又不易产生耐药性。五是必须应用化药时，要严格执行休药期，只有按上述办法控制鸡病，才不会造成有害残留超标。

4. 引进大型肉鸡的风味急需提高 解决引进的大型肉鸡风味不佳问题的方法很多，主要方法是调整饲料配方，在肉鸡屠宰前，喂给特殊的鸡饲料，人称为临刑前的晚餐。这就要求在屠宰前7～10天内在原有饲料中添加中药杜仲叶、五香粉、肉豆蔻、小茴香、味素、肉桂等调味剂，或者喂昆虫粉、腐叶土等，经过这些特殊饲料喂的肉鸡，鸡肉香味浓郁。

5. 肉鸡笼养对特殊疾病很难控制 因为笼养，鸡的自由活动被禁止，抗应激能力大大降低，严重缺乏运动，导致肉鸡骨骼变得很脆弱，支原体病有增无减，肉鸡猝死综合征、肉鸡腿病、肉鸡腹水症等及一些传染病不断出现，给防治造成一些困难，医疗费用增加，淘汰死亡率增加，提高了养殖成本，减少经济收入。

对如何解决蛋鸡和肉鸡在经营管理、生产技术、疾病控制、生产成本上存在的各种各样的问题，作者在本书中都有具体介绍。

三、养鸡大国，怎样向养鸡先进国家行列跨进

世界发达国家多年之前就把发展畜牧业当成促进农业发展的

重要手段，当成振兴国民经济的重要措施。而我国在改革开放之后才把畜牧业发展列入国民经济的重要日程。经过30多年学习外国技术、引进先进品种，大力发展具有本国特色的养殖业，发展速度很快。

但我国养殖业中存在饲养管理落后，技术水平低，饲料浪费大，肉鸡质量差、风味不佳，蛋品深加工少，死淘率高，出口份额小，驰名品牌占领市场少等问题，这些问题集中反映在总体效益低。这就需要进一步开拓进取，总结经验教训，取长补短，努力克服不足，不断提高养鸡水平，争取尽早在总体扩张和效益提升中实现新突破。

1. 认真执行预防为主的方针，提高养鸡成活率 世界养鸡先进国家，鸡的死淘率只有6%～7%，而我国鸡的死淘率高达15%～20%。我国是世界先进国家养鸡死淘率的2～3倍，损失数量惊人。鸡舍是鸡的生存环境，鸡舍的消毒、温湿度、通风换气、光照强弱、尘土多少等都关系鸡的生存和能否健康成长，这些条件差是鸡病多发的主要原因。所以，成活率高低与鸡舍的环境密切相关，应严格管理每个环节，真正做好环境控制。

如今，鸡的各种疾病的预防疫苗比较齐全。要从雏鸡开始，按程序、要求、时间、用量等预防接种。在鸡发病时，尽量利用中药治疗，中药的不良反应小，不存在有害残留超标；同时，要注意消灭鸡舍的蚊蝇，这些昆虫是细菌、病毒的携带者，传染病的传播媒介。坚持全进全出，重新进雏鸡时，事先要搞好消毒灭菌；按不同生长阶段调整好饲料配方，根据需要添加维生素、微量元素、钙、磷等，保持营养齐全。根据季节施加预防药物，防止鸡只病从口入。鸡只的饲养数量、品种、鸡舍环境不一样，要从实际出发，根据各自的情况制订防控措施。

2. 蛋品的深加工急待开发，商机无限 长期以来，我国的蛋品加工开发处于落后状态，养鸡业发达国家在20世纪90年代蛋品加工就具备一定的生产规模，实现了专业化生产。蛋品加工成为发展养鸡业不可少的一部分，成为提高养鸡业经济效益的重要方面。在我国这个促进养鸡发展的产业化加工业却刚刚起步，全国禽蛋加工转化率仅1%，而美国蛋品加工率在1999年即达30%，欧洲的蛋品加工率25%～30%，日本禽蛋加工超过了50%。有液态蛋、浓缩蛋、全蛋粉、蛋黄粉和其他各种蛋制品，品种齐全，全面拓开了新的蛋品销售渠道，提高了蛋品的价值。而我国99%的禽蛋没有加工，限制了养鸡业发展和效益的提高。随着大型超市的兴起与普及，我国居民，尤其是城市居民的消费观念正在发生变化。对鸡蛋的食用方法也发生新的转变，不喜欢吃蛋清的人可选择吃蛋黄食品，不喜欢吃蛋黄的人可以买蛋清食品。苏州一企业抓住了这个大好商机，从国外引进蛋品加工生产线，每小时加工鸡蛋8万枚，月生产液体蛋800多吨，产量居全国之首，主要销售给长江三角洲地区大型食品企业，还有部分销往东南亚、日本、新加坡等地。

事实说明，深入开发蛋品加工可促进我国养鸡业健康发展，前途光明。

3. 开发与利用昆虫，促进养鸡业发展 我国地少人多，仅有占世界7%的耕地，确要养活占世界22%的人口。这样多人口对粮食的直接消费与发展畜牧业的饲料用粮食是一对不可调和的矛盾。近几年来世界能源短缺，美国这个世界头号产粮大国，每年粮食出口占世界的60%，从2007年起，美国用20%～25%的玉米生产乙醇，这是一种无污染的新型替代能源。从而引发了世界粮食紧张。这几年副食品涨价，表面是粮食短缺，实质上是能源紧张造成的，从而旧的矛盾没有解决，又出现了世界性的畜牧发展与能源争粮的新矛盾。作者对发展畜牧业对粮食过分依赖的情况早有预见，因此，在1999年召开的“21世纪中国畜牧业经济发展战略研讨会”上发表了《开发利用节粮型饲料，是畜牧业发展的必然趋势》一文，表明了上述观点。

开发与利用昆虫养鸡，是挖掘新的生物资源，补充蛋白质短缺，解决粮食紧缺与发展畜牧业之间矛盾的重要途径。事实证明，昆虫的高蛋白饲料在养殖中作用广泛，除了特种养殖业之外，用昆虫粉养鸡的好处是多方面的。一是利用昆虫高蛋白饲料，降低养殖成本。二是能增进鸡体抗病能力，蚯蚓、蝇蛆不仅是养殖业高蛋白的来源，而且有重要的药用价值。蚯蚓是中药中的常用药，蝇蛆具有百毒不侵之功，其自身的甲壳素、几丁酯具有抗癌作用，自身的抗菌肽具有抗击各种病毒、细菌的功效，鸡吃了蝇蛆之后，免疫力增强，一般不得传染病，提高了成活率。三是可以提高鸡肉、鸡蛋品质，鸡肉香味浓郁，鸡蛋胆固醇低，营养成分增加。不管是土杂鸡还是“洋鸡”，只要喂昆虫饲料，都可以生产出高质量的肉、蛋产品，深受广大消费者的喜欢。四是利用昆虫养鸡，可节约粮食 30%～40%，缓解人畜争粮的矛盾与世界性蛋白质短缺的危机。五是昆虫繁殖能力惊人，一对苍蝇 4 个月能繁殖蝇蛆 2 000 亿个，可积累纯蛋白质 600 多吨。无论是土法养殖还是工厂化养殖，方法简单，不需要高超的技术、不需要什么设备，只要有人畜粪便、糠麸和适宜的温度即可繁殖，成本低廉，投资少，见效快。六是充分利用粪便，变废为宝，净化了环境，减少了污染，是一件利国利民的好事。所以，大力开发利用昆虫饲料，可促进养殖业发展。

4. 深入开发保健蛋，争占国内外市场 保健蛋的发源地来自中国。据有关记载，明朝时期有石英蛋生产，这种鸡蛋人吃后有益身体健康。

保健蛋的深入开发与利用为人类做出了新的贡献，其好处是多方面的：一是给养鸡业开拓了食用新途径，销售渠道更加广泛。二是鸡蛋产品价值大大提高，经济效益更好。三是为人们保健、医疗开拓了新领域。吃蛋既能增加人体营养成分，又能治疗疾病，可谓一举多得。四是化学无机物质经过鸡过腹之后，转化为有机物质，避免了化学制剂给人们带来的伤害。五是药疗蛋的胆固醇低，人们吃后可避免损害健康的担忧。

5. 冲破绿色壁垒是养鸡业占领国际市场的必由之路 蛋鸡、肉鸡产品药物残留超标，是制约我国畜禽产品出口的瓶颈。世界养殖业发达国家，多年前对毒性较大的药物逐步淘汰或者禁止使用。而我国养鸡业中存在滥用化药和不执行休药期的现象，造成有害残留超标，出口受限。

十多年前，欧盟就对禽产品进口国要求十分严格。他们不仅对进口产品严格质量检测，还对出口国的整个饲养、加工进行全面检查，包括饲养设备是否达标，生产人员是否身体健康、持证上岗，生产是否按统一标准和管理规模进行等。

这些条件的要求，传统的家庭小生产方式，不可能达到国际绿色标准。

解决鸡体内有害残留超标，要提高认识，一是鸡有病必须使用抗生素时，应认真执行休药期；二是尽量使用生物制剂、中药、酶制剂等代替部分西药；三是鸡发生疫情时，尽量使用中药预防和治疗，这些药完全可以代替抗生素、激素、抗寄生虫病的治疗，无耐药性，标本兼治；四是团结合作，发展规模化生产，按照国际标准搞好生产加工；五是加强检测，需要检测的产品绝不放过，发现问题坚决报废或深埋。应做的工作全面做到，我们的禽产品才能占领国际市场。

6. 鸡驰名品牌没有树立，是市场占有率低的重要因素 驰名品牌就是财富，是信誉的保证、效益的标志。尽管我国蛋鸡、肉鸡产品数量很多，但缺少知名产品，这也是养鸡生产效益不高的一个重要原因。

无论什么产品，进入驰名品牌行列就是无形资产。如浙江省镇江市新区葛村解丹承的润康生态养鸡场，利用昆虫养的蛋鸡经专家检测，蛋黄的弹性是土杂鸡的 2.5 倍、是“洋鸡蛋”的 4 倍，蛋清的黏稠度是土杂鸡的 3 倍，是“洋鸡蛋”的 4 倍，他打出“馨润康牌”虫子鸡蛋，畅销各大超市，年利润 20 多万元。青岛久和园畜禽养殖合作社生产绿色虫子鸡蛋，保证每只鸡每天吃 6～7 个虫子。昆虫鸡蛋的特点是蛋清黏稠度大，蛋黄圆、呈橙色，味道香醇，口感筋道，蛋白质、维生素 E 比普通鸡蛋高 1 倍，胆固醇为普通鸡蛋的 1/2。可见品牌就是经济效益，尽管价格高出普通鸡蛋 3～4 倍，消费者仍踊跃购买。青岛神丹公司的保健蛋不仅占领了国内市场，部分销往国外市场。现在有些养殖户和养鸡场看到土杂鸡很畅销，打出土杂鸡品牌在市场出售。殊不知都是土杂鸡，品种不一样，饲料成分不一样，管理水平不一样等，其质量是有区别的。所以，土杂鸡本身并不能成为品牌。因此，养鸡要想赚钱，一定要打出自己的知名品牌占领市场，并且经过注册才能受到法律的保护。

7. 探索新的养鸡模式，发展土杂鸡生产正当时 世界养鸡先进国家发明了笼养方式，但经过多年的生产实践，人们发现笼养鸡利小弊大，有的国家20世纪90年代后期提出禁止发展笼养鸡，并积极研究新的养鸡模式。如北欧和澳大利亚有自由散养替代笼养的良好条件。据报道，澳大利亚的一个自由散养鸡场，占有8公顷土地，饲养7 500只产蛋鸡和2 500只青年母鸡，鸡17周龄时进入产蛋群，至80周龄时淘汰，一个人管理，每天5小时工作，所产鸡蛋贴上“自由散养”的标志，上市售价比普通笼养鸡蛋的价格高20%～30%，十分畅销。英国、瑞典、荷兰等国正研究丰富型笼养鸡，设有产蛋箱、栖架和垫料等，进行广泛的研究与试制。大多数研究注重于小群丰富型的鸡笼，一般养10～14只，以形成稳定的群居次序。荷兰研究认为，产蛋箱、鸡笼都要增加高度，降低养殖密度，栖架必须注意材质和结构，以求好的卫生状况，垫料用锯末较为满意，但生产成本提高。这几年来散养土杂鸡在我国各地不断兴起，也是对笼养鸡存在问题有所认识。我国的土杂鸡虽然个体小、生长周期长，但产品原始风味好，营养价值高，比进口强度育肥鸡更受广大消费者欢迎。我国南方优质型肉鸡上市量60%～70%，而香港、台湾省、广东等达到80%，北方优质型肉鸡占有比例较小，但也呈现不断增加的态势。土杂鸡蛋、乌鸡蛋、虫子鸡蛋、绿壳蛋、药疗蛋悄然兴起，价格和销量不断增加，市场潜力巨大。

我国的土杂鸡品种众多，无论是鸡蛋、鸡肉风味俱佳，这就是优势。具有远见的养鸡户和企业家要抓住商机，把我国具有独特风味的鸡种，采取良好的养殖方式，再喂给昆虫、腐叶土等活性饲料，努力开发药疗蛋等，一定能够占领国际市场，大大提高经济效益。

8. 发展规模化养殖，是提高我国养鸡水平的重要措施　实行规模化、标准化生产是养殖业世界性发展的潮流，世界养殖业发达国家都把强化各类经济合作组织作为农业发展的重要手段，并早已形成牢固的经济实体，团结合作，参与市场竞争。法国、美国、德国等国的农业合作组织是国家与农户之间的纽带和桥梁，通过该组织统筹农业经济计划，协调农业产销关系，监督实施货款补贴，帮助技术指导和经营管理，协调产品购销、先进设备的引进、优良品种的选择等，成为规模化生产的有效发展模式。

随着养殖业的发展，人们对分散养鸡弊端已有一定认识，积极走合作化道路，全国各地出现了养殖小区、养鸡合作社和养鸡协会。其决策层多由农村专业户负责人和养鸡专业户及有经验的人员组成。按人才特长、专业分工：日常负责饲养计划的制订，监督饲养标准的实施，统一批量销售等，分工明确，各负其责。养鸡户自愿入股投资，自主经营，自负盈亏，入社自愿，出社自由。合作社为经济实体，利益分配通常实施按股付息返利，这实质上是股份制在规模化养鸡上的体现，也有的实行劳动入股和资金投入形式。

有的肉鸡加工企业牵头，把养鸡户纳入整体组合，实行公司加基地、加农户的模式，使加工企业有了可靠的、合格的、标准的加工肉鸡的原料。有的加工企业靠整体实力带动农户设立专业化合作养鸡场，在龙头企业的带动下，有利于实行养殖、防病、加工一体化，形成了饲料加工、疾病防控、饲养管理、市场销售一条龙。

全国各地养鸡合作组织，尽管形式和机制不同，都在短短几年内充分显示出强劲的发展优势。

（1）养鸡合作社可以把养鸡业上升为地方主导产业　各类养鸡合作组织成为专业养鸡户的坚强后盾，成为不断扩大应用技术的保证，以日益增强的实力应对多变的市场。逐步树立特色知名品牌，增加国内外市场占有份额，并形成了产业化发展目标。

（2）养鸡合作组织，是鸡产品加工的第一车间　一家一户分散零星养鸡，发展到联合集中规模化养鸡，形成了以养鸡为轴心的流通链条，使原料供应能有计划、及时、保质、保量，以稳定生产，取得好效益。

（3）养鸡合作组织带动相关环节的优化发展　随着养鸡合作社的举办和发展壮大，养鸡的专业服务水平不断提高，牵动了土地、资金、环境、技术等方面的变化。有利于优化农业资源的配置，有利于生产要素的重组，有利于推广应用新技术成果，有利于按国际标准实施饲养管理的现代化。

（4）养鸡合作组织，为生态养鸡提供了广阔的前景　养鸡场的粪便污水是生态系统的宝贵资源，利用鸡的粪便发展昆虫养殖，生产昆虫喂鸡，其余为农业提供有机肥料，科学合理运用这些资源，实现农业与养鸡良性循环，使农业为养鸡提供饲料、饲草，使农业与养鸡业相互依托、互相促进、共同发展。

第二章 鸡的饲养方式与鸡舍净化

我国养鸡业发展迅速，鸡的饲养方式多种多样。但不管是肉鸡还是蛋鸡，多数都实行笼养、地面平养、网上平养、笼养与平养相结合，还有大棚饲养、尼龙网饲养等方式。目前，全国除了土杂鸡实行散养外，约 90%以上为笼养，这种养殖方式比散养能提高 40%左右的效益。

一、鸡的饲养方式

1. 笼养 欧洲在 20 世纪 70 年代初就已出现笼养蛋鸡，但不普遍，主要原因是残次品多和生长速度不及平养。近年来，人们已改进了笼底材料且摸索出了适合笼养的饲养管理技术，肉用仔鸡笼养工艺应用最广泛的国家是俄罗斯，俄罗斯 30%以上的肉鸡进行了笼养。中东、日本笼养肉鸡也有大发展的趋势。在东欧，笼养工艺很受欢迎，捷克斯洛伐克、匈牙利都有一定程度的发展。我国的养鸡户也越来越广泛地采用笼养肉用仔鸡、蛋鸡，以利于在有限的鸡舍面积上饲养更多的鸡。

笼养肉仔鸡的优点主要包括以下几方面。

（1）笼养可以大幅度提高单位建筑面积上的饲养密度，如采用 4 层重叠式笼养，鸡舍平面密度每平方米可达 100 只，在 1 个 12 米×100 米的传统规格肉鸡舍里，地面平养每批能饲养 1.5 万～2 万只，而笼养每批饲养量可达 6 万～8 万只，年产量可从地面平养的 236 吨活重提高到 1 181 吨，即在同样建筑面积内，肉产量提高 4 倍以上；

（2）笼养可以实行雌雄分开饲养，充分利用不同性别肉用仔鸡的生长特性，提高饲料转化率，并使上市胴体的规格更趋于一致，增加经济收入；

（3）由于笼养限制了肉用仔鸡的活动，降低了能量消耗，继而降低了饲料消耗，达到同样体重的肉用仔鸡生长周期缩短12%，饲料消耗降低13%；

（4）笼养鸡不与粪便接触，球虫病等疾病可减少；

（5）笼养便于机械操作，可提高劳动生产率，有利于科学管理，获得最佳的经济效益。

笼养肉仔鸡的主要缺点一是鸡笼等设备一次性投资较大，二是鸡胸部囊肿和腿病等发生率较高，三是笼养使鸡严重缺乏运动，肉鸡鲜活产品大大减少。

2. 地面平养 是饲养肉用仔鸡较普遍的一种方式，适用于小规模养鸡。具体做法是在鸡舍地面上铺设一层厚4～10厘米的垫料。要注意垫料不宜过厚，以免妨碍鸡的活动，导致小鸡被垫料覆盖而发生意外。随着鸡日龄的增加，垫料被其践踏，厚度降低，粪便增多，应不断地添加新垫料。一般在雏鸡2～3周龄后，每隔3～5天添加一次，使垫料厚度达到15～20厘米。如垫料太薄，鸡舍易潮湿，氨气浓度会超标，这将影响肉用仔鸡的生长发育，并易暴发疾病，甚至造成大批死亡。另外，垫料较薄还容易造成肉用仔鸡胸骨囊肿。因此，要注意随时补充新垫料。对结块的垫料及时用耙子翻松，以防止板结。要特别注意防止垫料潮湿，对饮水器要加强管理，避免出现滴漏和鸡饮水时弄湿垫草。作垫料的原料有木屑、谷壳、甘蔗渣、干杂草、麦秸、稻草等。总之，垫料应吸水性强、干燥清洁、无毒、无刺激、无发霉等。当一批肉用仔鸡全部出栏后，应将垫料彻底清除更换。

平养肉鸡增重快、成活率高、残次品少，从育雏到上市都在同一舍内，不需转群。目前，农村养肉鸡多采用平养方式。

平养所用的垫草和沙子要干燥，垫草要柔软，吸附性要强。育雏开始前，先在地面上垫一层10厘米厚的沙子，沙子上再铺上5～10厘米厚的垫草（稻草、麦秸、刨花都可以）。2周后撤

掉垫草，肉鸡直接养在沙面上。沙子要勤换，保持干燥卫生。

平养鸡群的密度，要根据鸡的周龄来确定。1～2周龄时，每平方米养25～40只；3～4周龄时，每平方米养15～25只；5周龄以后，每平方米不超过15只。平养肉鸡最好采用“全进全出”的方法。全进是指一次进雏，全出指同一栋鸡舍的肉鸡在同一天全部转出。

3. 网上平养　即在离地面约60厘米高处搭设网架（可用金属、竹木等材料搭设），架上再铺设金属、塑料或竹制成的网、栅片，鸡群在网、栅片上活动，鸡粪通过网眼或栅条间隙落到地面，堆积一个饲养期，在鸡群出栏后一次清除。网眼或栅缝的大小以鸡爪不能进入而又能落下鸡粪为宜。采用金属栅或塑料网的网眼形状有圆形、三角形、六角形、菱形等，常用的规格一般为1.25厘米×1.25厘米。网床大小可根据鸡舍面积灵活掌握，但应留出足够的过道，以便操作。网上平养一般都用手工操作，有条件的可配备自动供水、给料、清粪等机械设备。

网上平养的优点：①鸡与粪便不接触，降低了球虫等疾病的发生率；②鸡粪干燥，舍内空气新鲜；③鸡体周围的环境条件均匀一致；④取材容易，造价便宜，特别适合缺乏垫料的地区采用；⑤便于实行机械化作业，节省劳动力。其缺点是鸡患腿病和胸囊肿病的概率比地面平养高。

4. 笼养与地面平养相结合　我国各地多在育雏期（出壳至28日龄）实行笼养，育肥期（5～8周龄）转到地面平养。

育雏期舍温要求较高，此阶段采用多层笼育雏，占地面积小，房舍利用率高，环境温度比较容易控制，也能节省能源。

鸡只28日龄以后，将笼子里的肉用仔鸡转移到地面平养，地面铺设10～15厘米厚的垫料。此阶段不但鸡的体重迅速增长，而且在松软的垫料上饲养，不会发生胸部和腿部疾病。所以，笼养与平养相结合的方式兼备了两种饲养方式的优点，对小批饲养肉用仔鸡具有推广价值。

5. 塑料温棚养鸡　冬季采用塑料温棚养鸡，有利保温，是提高母鸡产蛋率的好方法，北方应用较为普遍。

塑料温棚应建在干燥、背风的向阳处，面积大小依养鸡的多少而定，一般按每平方米养 7 只为宜。温棚前后有墙，前墙（南墙）的高度一般在 70～100 厘米，以鸡啄不到塑料为好；后墙（北墙）的高度一般在 180 厘米左右，以行人走进去碰不到头为宜。顶棚纵向用木棍、竹竿或钢筋管来搭，隔 100 厘米一根，如果棚圈面积大，根据棚顶搭架面需要，可在棚内砌砖垛若干个，或设置支架。贴后墙砌成分层的产蛋窝若干个，墙内周围安装距地面 50 厘米的栖息架，棚顶覆盖的塑料薄膜要稍厚，不易破碎、透光性好、无色无毒，后檐薄膜 2/3 部分的两侧要固定牢，前檐 1/3 部分的两侧不固定死，以便必要时揭开一部分调节温度和湿度。夜间，棚顶要加盖草帘，以利保持棚内温度。

通常产蛋鸡对环境温度的适应范围是 13～30℃。所以，应保持夜间不低于 13℃，中午不高于 30℃。同时，要随外界气温的变化，每天上午阳光照射时卷起草帘，下午阳光减弱时放下草帘；中午阳光强、温度高，可把鸡放到温棚外活动，并且前檐揭开一部分薄膜，以调节棚内的温湿度。为了减少鸡粪蒸发的水分和有害气体，要隔一天清一次鸡粪，妥善保管积肥。

6. 尼龙丝网养鸡　用尼龙网养鸡是一种经济实惠、灵活方便的方法。具体有如下优点。

（1）一般圈养 20 只鸡约用 2 元钱的尼龙丝网就够了，可以使用竹竿、作物秸秆、树枝以及铁丝网，降低成本一半以上。

（2）增加光照面积，可促进鸡体代谢、增强体质，防止软骨病和恶癖。

（3）通风防湿，可防止寄生虫病的传播蔓延，保持空气新鲜，有利于鸡的生长发育。

（4）便于移动，可充分利用自然条件，使圈养和放牧相结合，哪里有饲料，就在哪里圈起来放养。这样既可节省饲料，又增加了鸡的运动量，提高觅食能力，促进鸡的生长发育，提高产蛋量。

（5）用尼龙网养鸡，鸡无法飞出网外，野鸟野兽也不能进入，可防止疫病传播，利于全面消毒，防止传染病蔓延。

（6）尼龙丝网不怕风吹、日晒、雨淋，不易腐蚀，不需常修常补，经久耐用。

根据养殖规模，可在其北面设避风防雨的休息地，如果养蛋鸡还要设产蛋窝。

二、鸡舍消灭蚊蝇、老鼠的奇招妙术

1. 减少鸡舍蚊蝇、老鼠的方法　鸡舍中的蚊蝇和鼠害是很难解决的问题，特别是蚊蝇到处乱飞，很难控制。蚊蝇和鼠是各种细菌、病毒的携带者，也是鸡病的重要传播媒介。因此，消灭鸡舍蚊蝇，是减少鸡病的重要措施。消灭蚊蝇、减少鼠害的方法很多，现介绍几种方法供参考。

（1）在鸡舍的门窗上安装纱窗、门帘，每天对水积板和笼进行彻底清扫、消毒。清扫鸡粪、污物和尘土，做好喷雾消毒工作。

（2）每 20 米^2 鸡舍安装一盏 20～40 瓦红色灯泡，晚上开灯 2～3 小时，驱蚊效果良好，并增加了鸡舍光照。

（3）把平时吃橘子留下的皮晒干，晚上在鸡舍内点燃橘子皮，可消除鸡粪的臭味和异味，并驱除蚊蝇。

（4）选择晒干的蓖麻叶切碎，每立方米空间用 25 克蓖麻叶点燃，灭蚊效果很好。

（5）将花椒研成粉状，撒于笼舍底板、墙角处，可消灭蚊虫和驱鼠。

（6）用棉布装几粒樟脑丸，放入溶液中浸泡片刻取出，用线拴牢吊在鸡舍内，每 10 米^2 鸡舍挂 2～3 包，7～10 天更换一次，驱蚊效果好。

（7）将适量面粉与煤油调成糊状，置于鸡舍阴暗隐蔽处，可粘杀蚊蝇。

（8）取杜邦万灵杀虫剂撒于瓜果皮上，放入鸡舍内蚊蝇密集之处，诱杀力强。

2. 鸡舍除臭的技术

（1）鸡舍内悬挂装有木炭的网袋或在地面适当撒些活性炭、石灰等具有吸附作用的垫料，均可吸附空气中的臭气。

（2）用中草药除臭，艾叶、苍术、大青叶、大蒜杆各等份适量，放在鸡舍内燃烧，即可杀菌、又能除臭，一次 10 天左右有效果。

三、净化鸡舍内有害气体的措施

鸡舍内常有硫化氢、氨气、一氧化碳等有害气体，其中以氨气对鸡只的危害最大，如浓度超过允许范围，不但使鸡发生角膜炎、结膜炎、角膜溃疡、失明等，而且破坏呼吸道绒毛，降低抗病能力。此外，氨气还使鸡只生长迟缓、鸡群发育不均匀、产蛋率下降等。因此，采用综合技术措施消除或控制鸡舍内的有害气体，为鸡创造良好的生活环境，对养好鸡是至关重要的。

1. 控制鸡舍内的湿度 舍内湿度过大时，可定时开窗使空气流通。也可在地面放些大块的生石灰吸收空气中水分，待石灰潮湿后立即清除。同时，应注意灵活更换垫草。如夏天用沙子作垫料，既可吸潮、降温，鸡吃了沙子又可助消化。冬天用煤渣作垫料，可吸附有毒气体等。

2. 合理设计日粮 据试验，在鸡日粮中添加 1%～2%的木炭渣，可使粪便干燥，臭味降低。饲料中添加 2%～5%的沸石粉，也可降低粪便含水量及臭味，并能明显提高饲料利用率和产蛋量。

3. 定时清除粪便和垫料 鸡舍内的粪便应 1～2 天清除一次。特别是球虫病流行的春末夏初时节，鸡粪应每天清除。

4. 净化鸡舍内氨气的方法

（1）在垫料中混入硫黄（每 10 米^2 垫料中混入 2.5 千克硫黄），能减少氨气的产生。

（2）鸡舍地面撒一层过磷酸钙可减少空气中的氨气。方法是

按每 50 只鸡活动面积均匀撒过磷酸钙 350 克，有效时间为 6～7 天。

(3) 每周用硫酸亚铁 7 份、干煤灰 3 份混匀，按鸡粪重量的 10%撒入鸡舍，能清除舍内氨气与硫化氢。

(4) 当进入鸡舍感到有氨气刺激鼻眼时，要立即打开门窗通风换气。用醋熏法能将其排除。方法是：每间鸡舍用食醋 0.5 千克，加水 0.5 千克，盛在砂锅内，用取暖炉在鸡舍内煮沸、蒸发，每次 10 分钟。每次熏蒸后，撤掉取暖炉，以防消耗室内太多的氧气。此法不仅能排除鸡舍内氨气，同时还能消除其他有毒气体的浓度。应用此法每 2～3 天 1 次。

(5) 利用过氧乙酸在空气中分解产生的醋酸来中和（生成醋酸铵）鸡舍中可能大量产生的氨。方法是将市售的 20%过氧乙酸稀释成 0.3%溶液，每立方米喷雾 30 毫升，每周 1～2 次，在鸡群发病期间可每天早、晚各喷雾 1 次。

(6) 将市售的福尔马林稀释成 10%的溶液，每 3～5 天在鸡舍内喷雾 1 次，既能降低环境中的氨气浓度，又能对环境起到消毒作用。

四、春季种鸡驱虫好

春季对种鸡进行驱虫，可避免种鸡春季死亡并取得数量多、质量好的种蛋。

前殖吸虫病是由前殖吸虫寄生在鸡法氏囊、输卵管、直肠中引起的。病鸡食欲减退、明显消瘦、精神沉郁，常产无黄蛋、软壳蛋、无壳蛋。有时以泄殖腔内排出蛋壳碎片或流出大量浓稠的灰白色黏液，严重的可引起死亡。防治方法：可用六氯乙烷按每只鸡 0.3 克拌入饲料中喂服，每天 3 次，连喂 3 天。

鸡绦虫病主要由鸡绦虫寄生在鸡小肠内引起。病鸡羽毛蓬乱、两翅下垂、贫血消瘦、下痢或出现麻痹等，最后衰竭死亡。治疗可用硫双二氯粉按每千克体重 0.2～0.3 克混于饲料中喂服。

鸡蛔虫病是由鸡蛔虫寄生在鸡小肠内引起的一种线虫病。主要危害 3～10 月龄的鸡，成鸡常为带虫者，一般不显病症。雏鸡、中鸡感染后，通常表现为鸡冠苍白、黏膜贫血、消化障碍、精神萎靡、两翅下垂、羽毛逆立，以致消瘦死亡。治疗可用驱虫净（四咪唑），按每千克体重 40～60 毫克，混于饲料中喂服或溶于水中饮服。

第三章

鸡的饲料添加剂

饲料添加剂是畜牧业发展中的核心产业，它直接影响到畜禽的生产性能、产品质量、畜禽产品的安全和经济效益。在鸡饲料中应用添加剂种类众多，这里不再重复介绍，只介绍中药、生物素和维生素添加剂。这几类添加剂不良反应小，不会产生耐药性，而且不会有致癌、致变、性早熟等弊病，不会在肉、蛋中产生有害残留超标、危害人体健康等。

一、常见饲料添加剂种类

1. 碳酸氢钠 研究表明，用碳酸氢钠代替部分食盐喂鸡能较好地保持地面垫草干燥，从而降低肉鸡跗关节和胸部褥疮的发生，并减少垫料成本。在鸡饲料中添加0.1%～0.5%碳酸氢钠，对提高鸡胴体等级和增重有明显效果，可增重8%～9%；在蛋鸡饲料中添加0.1%～0.5%的碳酸氢钠，可使次品蛋减少1%～2%，鸡蛋蛋白质含量提高3%，产蛋率明显提高，蛋壳厚度增加8%。

2. 黄芪 在蛋鸡日粮中加入0.4%黄芪粉（由黄芪、板蓝根、神曲组成的中药），可提高产蛋率7.5%～7.97%，提高饲料报酬率10.77%～12.5%，可减少蛋鸡疲劳症的发病率；在肉鸡日粮中加入0.5%～1.0%的黄芪粉，提高饲料利用率11.1%～12.5%.

3. 鱼油 美国在鸡饲料中添加鱼油，结果使鸡蛋中的胆固醇减少20%左右，食用这种鸡蛋使人体血液中的胆固醇含量不致发生变化，而食用普通鸡蛋往往会引起胆固醇增加。

4. 柑橘皮 柑橘的皮、核中含有丰富的粗蛋白、粗脂肪、粗纤维及铁、锰、锌等多种微量元素。它不仅可作药用，还是优质的保健饲料。制作方法：将橘皮晒干碾成粉末即可。喂法为在鸡饲料中掺入2%～3%为宜。柑橘皮有清凉解毒作用，可防止鸡病发生，又可促进鸡只生长发育。

5. 鸡冠花 鸡冠花除观赏外，还是一种药用和家禽保健饲料。据测定，其子实所含的蛋白质高达73%，并含有多种氨基酸。其花、茎、叶中的蛋白质含量也很高。经试验，用鸡冠花子喂雏鸡，每天每只1～2克，鸡长得快，而且可防治白痢病。在鸡饲料中加5%的鸡冠花瓣或10%的茎叶，鸡只日增重可提高10%。

6. 苍术 苍术含有挥发油，并且含有大量容易被家禽吸收的胡萝卜素及维生素等。具有健胃、利尿、补充营养及镇静等作用。苍术中的胡萝卜素在家禽体内只有一部分转化为维生素A，其余大部分均可转化为蛋黄的颜色。它能促进家禽生长、增强对疾病的抵抗力，对角膜软化、夜盲症及骨软症等有较好的预防和治疗作用。如在鸡饲料中加2%～5%的苍术干粉（苍术晾干粉碎成粉即可），并加入适量钙剂，对鸡传染性支气管炎、传染性喉气管炎、鸡痘、鸡传染性鼻炎及眼病等能起到良好的预防作用，并能提高增重和产蛋量。

7. 艾粉 艾叶去掉绒毛，除去苦味，晒干粉碎成粉，是很好的家禽保健饲料。它不仅含有蛋白质、脂肪等，还含有生长素，并含有芳香油，维生素A、维生素B_1、维生素B_2、维生素C和各种必需氨基酸、矿物质、叶绿素等。艾粉能促进血液循环，增进代谢，促进生长繁殖，并能改善鸡肉的品质，提高饲料利用率，还具有抗病脱臭效果。试验证明，鸡饲料中添加2%～2.5%艾粉，总增重可提高10.49%～22.69%，每增重1千克少用精料0.4千克，提高效益12.5%。在蛋鸡饲料中添加1.5%～2%的艾粉，产蛋率提高4%～5%。幼雏为1%，中幼雏为1.5%，成雏为2%～2.5%加入混合饲料中喂给。

8. 大蒜 大蒜含挥发油约2%，其主要有效成分大蒜素是一种植物抗生素，对化脓性链球菌、大肠杆菌、结核杆菌、炭疽杆

菌、霉菌、原虫等均有抑杀作用。大蒜中的脂溶性挥发油等有效成分还可激活巨噬细胞的功能，增强免疫力，从而增强机体的抵抗力，因此，用大蒜治雏鸡白痢、球虫病、副伤寒以及食欲不振等均有良好的效果。喂法：将生大蒜去皮捣烂，拌料内服；也可制成大蒜粉，按成鸡饲料 0.1%的量添加。

9. 大葱　大葱是人们日常生活中广泛食用的蔬菜及调味品之一，但由于主要食用其茎和少量的叶，大部分葱叶被弃掉，尤其在北方地区，每年秋末冬初收储大葱过程中，葱叶被弃掉的现象更为严重。殊不知，在每 100 克大葱的茎叶中含有维生素 A 0.5 毫克、维生素 C 20～22 毫克、蛋白质 2.4 克、脂肪 0.3 克、碳水化合物 9.8 克（其中总糖 8.6 克）、钙 4.6 克、磷 3.9 克、铁 0.1 毫克、多种氨基酸 0.0298 毫克，营养价值十分丰富。最近有试验证明，把丢弃的青绿鲜叶切短晾干，然后加工成粉，在蛋鸡基础日粮中减掉 1%、2%和 3%的麦麸而添加同等比例的大葱叶粉，由于其产蛋率提高、蛋重增加、饲料利用率提高、死淘率降低等，使每只鸡在 75 天试验期内比对照组多收入 1.49 元、1.28 元和 2.34 元，经济效益分别提高 18.39%、28.26%和 29.1%。由此看来，大葱叶粉喂鸡有强烈的诱食性（体现鸡的采食量增加）和调味性（在炎热季节鸡的采食量依然保持增进的趋势），加之其营养丰富、成本低廉，是值得开发利用的绿色饲料添加剂。

10. 膨润土　在蛋鸡日粮中加喂 1.3%～2.6%的膨润土，连用一个产蛋年，其产蛋率可提高 8.74%～15.6%，蛋重提高 2.4%，蛋壳素和蛋壳厚度分别提高 8.4%和 3.7%，而饲料消耗减少 12%。

11. 芒硝　在鸡饲料中小剂量长期添加，有利于健胃、消食，并可有效防治鸡群啄癖。添加量为日粮的 0.25%，可使雏鸡、肉鸡的增重提高，蛋的破损率降低。在鸡群发生啄癖时，添加量可增加到日粮的 1%，5～7 天即可治愈啄癖症，然后改为 0.25%～0.5%的量添加。

12. 稀土　在商品蛋鸡日粮中添加含稀土氧化物30%的有机稀土30毫克/千克，产蛋率可提高2.6%，饲料消耗降低2.4%，每100只鸡净收入增加118元。一般稀土添加量，蛋鸡为4.5～30毫克/千克、肉鸡为25毫克/千克。

13. 麦饭石　在蛋雏鸡日粮中添加5%的麦饭石，可提高增重11%，饲料利用率提高16%，并可降低死亡率；育成鸡140～290日龄产蛋率提高7%～8%，料蛋比提高16%～23%，增重提高11%，饲料利用率提高7%左右。

14. 沸石　在肉鸡日粮中添加5%～7%的沸石粉，鸡的饲料报酬提高10.7%～16.7%；在产蛋鸡饲料中添加1.5%～3%沸石粉，产蛋率增加14%～19%，饲料消耗降低10%以上。

二、蛋鸡补钙要讲科学

蛋壳的主要成分是碳酸钙，产蛋鸡每天要消耗大量的钙，但鸡只食入多少钙质饲料，都只能保留1.5克左右，母鸡体内包括骨骼中贮存的钙，只够产3～4只蛋用，所以要不断地给产蛋鸡补充钙质，否则，便会出现产蛋量下降，产软蛋、薄壳蛋，壳质粗糙、脆弱，鸡腿无力行走甚至呈弓形等。

1. 选择优质骨粉作为钙源　蛋鸡需要大量的钙磷，其中约99%的钙用于骨骼和蛋壳的形成。骨粉在养鸡生产上作为钙磷的补充来源非常重要，但因骨粉的生产工艺不同，其产品质量差异很大。蒸骨粉为白色或银灰色，无臭味，含钙30%、磷14.5%、粗蛋白质7.5%、粗脂肪1.2%。生骨粉是在设备简陋条件下生产的一种劣质骨粉，是把杂骨简单冲洗后用大锅蒸煮几个小时，不加压、不脱脂，然后捞出、晒干、粉碎而成。这种骨粉有臭味，呈黑色或暗灰色，含钙23%、磷10.5%、粗蛋白质21%、粗脂肪5%。如果用这种生骨粉长期喂蛋鸡，因为其未经高温、高压处理，骨钙与骨胶结合在一起，鸡体对钙的吸收利用比蒸骨粉差得多。时间长了会引起鸡体内的钙磷比例失调，导致蛋鸡产蛋能力下降，给养鸡业造成重大经济损失。所以养鸡户，特别是

规模大的养鸡场，一定要注意避免用生骨粉配料喂鸡。

2. 产蛋鸡不能喂羊骨粉　在养羊较多的地方，人们常常把羊骨加工成骨粉，添加在畜禽饲料中，代替其他骨粉。这对于大多数畜禽而言，是可以的，效果也不错，但对于产蛋鸡就不行了。因为鸡蛋的蛋壳在鸡体形成时，要求温度不宜过高。而羊骨粉性热，在被蛋鸡吸收利用参与蛋壳形成时，鸡体内的温度会升高。这不仅影响蛋壳的形成，而且会降低产蛋率。因此，要注意蛋鸡不能喂羊骨粉。

3. 选择粗粒钙源　在产蛋期间，日粮中添加钙应当以贝壳或粗粒石灰粉的形式供给，因为这种颗粒钙离开肌胃的速度较慢，对加强夜间形成蛋壳强度效果很好。

石粉即石灰石粉，为天然碳酸钙。一般含纯钙 38%左右，是补充钙质最廉价的矿物质饲料。其他较纯的商品碳酸钙、白垩土和旧石灰也有与石粉相同的作用。

贝壳粉：用贝壳粉作为钙源饲料，应注意优先使用海滨多年堆积的贝壳，因为经长时间堆积，其中附带的有机质已经消失，杂菌较少；新鲜贝壳应注意消毒，因为其中蛋白质腐败，附着的细菌、病毒较多，不经消毒往往会给鸡带来疾病。一般贝壳粉含碳酸钙 96.4%左右，折合钙 38.6%。

4. 注意事项　选择好合适的钙源后，补钙时还应注意给连产母鸡补钙，并非越多越好。一般母鸡每产一个蛋约需钙质 4.4 克，日粮中含钙量如果超过 4%，一方面会引起尿酸盐在鸡体内蓄积，造成消化不良，引起腹泻，甚至出现痛风症状；另一方面会使饲料适口性变差，鸡群采食量和产蛋量减少。所以产蛋鸡饲料中钙的含量一般以 3.0%～3.5%为好，钙源可单独放置，任鸡采食，也可以混于饲料中食用。在应激状态下，还可以添加维生素 C，能促进钙从骨髓中分泌出来，还可以活化维生素 D_3，不但有助于蛋壳品质的提高，而且还能增加蛋内容物。日粮中维生素 C 的添加量，以每千克饲料加入 50 毫克为宜。贝壳、石灰石、蛋壳、骨粉等均为钙质饲料的主要来源，其中以贝壳为最好，含钙多且易吸收。用碎贝壳喂鸡，由于可帮助消化，而且在形成蛋壳最需要钙时能有效地被利用。据科学观测：下午和夜晚是钙沉积于蛋壳的最佳时间，因此，钙质饲料大部分应在下午4时以后饲喂，这样可有效地提高钙的利用率。

三、养鸡添加微生态制剂好

随着养殖业的不断发展，集约化养殖过程中的应激，如免疫、过冷或过热等，都会使鸡消化道微生物平衡遭到破坏。人们常用抗生素来抑制或杀灭消化道中的有害微生物，以提高鸡的生产性能，但是饲料中添加抗生素的药物残留和交叉抗药性对人类健康的影响日益引起全世界的关注。许多国家已禁止使用抗生素作为饲料添加剂，微生态制剂既无产品残留问题，又能提高鸡的生产性能，是一种理想的添加剂。

微生态制剂是由乳酸杆菌、芽孢杆菌、酵母菌等经复合培养而生产出的一种活菌制剂，它能够在数量或种类上补充肠道内减少或缺乏的正常微生物，调整或维持肠道内微生态平衡，增强机体的免疫机能和抗应激能力，提高生产性能。试验证明：在肉鸡日粮中添加100毫克/千克的亿安奇乐，可使增重提高5%～9%。蛋鸡日粮中添加100毫克/千克的亿安奇乐，产蛋量可提高5%，蛋白的质量显著提高，蛋黄的胆固醇含量明显下降。

另外，微生态制剂中的微生物能合成B族维生素、赖氨酸、蛋氨酸等营养物质为鸡所利用，同时，还可产生蛋白酶、淀粉酶、植酸酶等多种消化酶来促进饲料消化，从而提高蛋鸡产蛋率和饲料效率。其还能产生有机酸类抗生素，杀死病原菌，起防病治病的作用，其产生的氨基酸氧化酶和分解硫化物的酶类可分解氨、硫化氢、吲哚等有害物质，降低鸡舍内有害气体的含量，改善环境，降低鸡的发病率。

四、养鸡离不开维生素，但添加要适量

雏鸡时期：主要在1～2周龄，此时最容易缺乏B族维生

素，除应在饲料中按标准添加复合维生素外，尚需补充维生素 B_1、维生素 B_2、维生素 B_6 和维生素 B_{12}。此外，由于维生素 C 具有抗过敏、解毒功能，并可提高免疫力，此时添加维生素 C 也是有益的。

开产时期：蛋鸡在开产前，其卵巢迅速发育，从开产至产蛋高峰期间鸡体处于一种高度负荷状态，对各种维生素的需求剧增。

强制换羽是利用强烈刺激使鸡在短期内由低产转为高产的一种人工技术措施。该技术对鸡影响较大使鸡体质变得虚弱，应在停水、停食后的15～20天加入水溶性维生素，可增强鸡的体质，提高换羽后的产蛋量。

应激时期的产生：一是免疫接种应激。免疫接种对鸡也是一种应激反应，要缓和这种反应，可在接种前后的3～5天内连续添加复合维生素及维生素 E，有助于提高免疫效果。二是转群、分群应激。挑选、分群、转群是养鸡生产中不可缺少的技术环节，会造成鸡只应激反应，可在此时的前后3天在饮水中加入0.1%的水溶性维生素。三是断喙，对鸡是一种强烈的应激。在断喙的过程中还伴有出血现象，所以断喙前后3天内在日粮中加入维生素 K 和维生素 A，断喙后3天内还需补充复合维生素。四是热应激。夏季高温造成的热应激对鸡的生理状态和生产性能有较大影响，应在饲料或饮水中添加高于正常剂量的复合维生素，特别是维生素 C 的量要增加2～3倍。

疾病时期：鸡在患病时期对维生素的要求增加，应在饲料中补充维生素 C 和维生素 E。可以大大增强免疫力。在鸡患传染病期间，补充维生素 A、维生素 C、维生素 E 和维生素 K 可增强其抵抗力。由于球虫感染对鸡体的影响，长期应用抗菌药物，特别是磺胺类药时，要特别注意 B 族维生素与药物的搭配，以增加药物的疗效。

但是，一切事物都是一分为二的，有些养鸡户和养殖场随意加大维生素的喂量，结果使鸡发生维生素过多症，反而影响鸡的生长和产蛋。所以，在生产中严格按标准添加很重要。

1. 维生素A　蛋鸡每千克饲料中维生素A的合适含量为4 000国际单位。当投喂量超过饲养标准时，即可引起母鸡发生维生素过多症，表现为精神抑郁或惊厥、采食量下降，严重时不吃食、羽毛脱落。

2. 维生素D　蛋鸡每千克饲料中维生素D的适宜含量为500国际单位。当投喂量超过饲养标准时，可使大量钙从蛋鸡骨组织中转移出来，并促进钙在胃肠道内的吸收，使血钙浓度增高，钙沉积于动脉管壁、关节、肾小管、心脏及其他软组织中，临床表现为食欲减退、腹泻、肾脏结石，蛋鸡常常死于尿毒症。

3. 维生素E　蛋鸡每千克饲料中维生素E的适宜含量为500国际单位。投喂过量时，会引起蛋鸡脂肪代谢障碍，导致过肥或中毒死亡。

4. 维生素K　蛋鸡每千克饲料中维生素K的适宜含量为0.5毫克。投喂过量时，因其刺激胃肠黏膜发炎，鸡表现食欲锐减、下痢，导致产蛋量下降，严重时停产。

对蛋鸡维生素过多症主要在于预防，根据饲养标准合理搭配日粮，对已发病的鸡群，则应立即停止投喂维生素，供给充足饮水，一般可在2周内逐渐康复。

五、泛酸、叶酸和烟酸对鸡的影响

1. 泛酸（维生素B_3）　是辅酶A的成分，而辅酶A在许多生物化学过程中起重要作用，与碳水化合物、脂肪和蛋白质代谢有关。

泛酸缺乏症状：雏鸡表现生长受阻，羽毛粗糙，骨短粗症，随后出现皮炎，口角有局限性痂块样损害；眼睑边缘呈粒状痂块，常常被黏液胶着；泄殖腔和脚趾出现痂皮以致行走困难。剖检可见胸腺萎缩，肌胃黏膜被腐蚀，胆囊肿大。母鸡所产的蛋孵化时，胚胎多在孵化期最后两三天死亡，但无病变。

在症状尚未严重时，改喂富含泛酸的日粮或口服泛酸钙10～20毫克，可以完全恢复。泛酸广泛存在于动植物性饲料中，因此得名。但以酵母、青饲料、米糠、花生饼含量最丰富。谷类饲料中都有一定数量，而玉米含量最低。

2. 叶酸　是一种广泛存在于绿色蔬菜中的B族维生素。维生素 B_{12} 是防治恶性贫血的维生素，参与甲醛的合成，而血红素的合成必须有甲基参与。如果缺乏叶酸，就会发生造血机能的障碍，从而发生恶性贫血。缺乏叶酸时，可使核蛋白的代谢发生紊乱而导致营养性贫血。

缺乏叶酸的症状：雏鸡生长不良，羽毛不正常，贫血和骨短粗症。母鸡所产的蛋孵化时胚胎死亡率高。严重贫血的雏鸡肌内注射叶酸50～100微克，1周内可恢复正常，口服效果稍差。在日粮中配合适当的豆饼、酵母、苜蓿粉可防止叶酸缺乏。

植物的叶部、动物的器官和肌肉、酵母、豆饼、苜蓿粉、麸皮都是叶酸丰富的来源，可防止叶酸的缺乏症。子实类、蛋类含叶酸也很多。玉米中较缺乏叶酸。

3. 烟酸（尼克酸）　性质比较稳定，不易被热、氧、光和碱所破坏。它是参与体内酶系统的一种维生素，参与机体碳水化合物、脂肪和蛋白质的代谢，当肌体缺乏烟酸时可引起新陈代谢的障碍。

烟酸缺乏一般表现食欲减退，生长迟缓，羽毛蓬松、缺乏光泽，飞节肿大，骨短粗，腿骨弯趴，与锰或胆碱缺乏的骨短粗症的区别是肌腱极少从髁骨滑脱。

在日粮中配合烟酸含量较多的饲料，可预防缺乏症的发生。如出现可疑缺乏症状时，在每千克饲料中加入烟酸10毫克，很快见效。但已出现骨短粗症状时，难以见效。

六、肉鸡中添加维生素E的作用大

维生素E（A-生育酚）能提高机体的免疫机能和抗病能力。一般肉仔鸡日粮中维生素E的用量是10毫克/千克。维生素E

能改善饲料转化率，提高肉鸡的增重率。

养肉鸡添加维生素 E 必须注意以下几个问题。

(1) 养鸡场（户）不能从饲料厂一次购入过多成品料。否则，使用时间过长，特别是夏季温度高时，料库闷热、潮湿，易导致饲料发霉变质，维生素 E 被氧化破坏。

(2) 在配制饲料时，维生素 E 添加剂要搅拌均匀，且每次不要拌料过多，尽量不使用含不饱和脂肪酸的饲料，如果必须要用，须加大维生素 E 的添加量。

(3) 一些饲料中的玉米和大豆来自缺硒地区，缺硒会加重维生素 E 的缺乏症状，所以，在添加维生素 E 的同时应补充足够的微量元素硒。

七、维生素 C 能提高种蛋品质

冬春至次年的初夏，是鸡产蛋和孵化的旺季，孵化率的高低与种蛋的质量有关。要想获得高质量的种蛋，在满足母鸡对蛋白质、碳水化合物、矿物质等营养物质需要的基础上，还要注意在其饲料中添加适量的维生素 C。维生素 C 有提高孵化率的作用。因为卵在鸡体内形成时，需要较多的钙质。饲料中的骨粉、石粉、贝壳粉等矿物质被鸡的胃肠消化吸收后，储存在骨骼中，不能直接形成蛋壳，必须要有维生素 C 参与，钙质才能发挥作用。

鸡从饲料中获得维生素 C 以后，经过复杂的生理生化过程，维生素 C 能促进钙从骨骼中分泌出来，使鸡体内血浆中的钙含量增加，经过血液循环而形成蛋壳。血浆中钙的浓度越高，其蛋壳的硬度越大，种蛋的质量越好。因此，在饲料中添加维生素 C 是非常重要的。鸡需要维生素 C 的数量是很少的，但起到的作用却是很大的，缺乏是不行的。实践证明，在饲料中添加维生素 C 0.02%～0.03%即可满足需要。

八、注意鸡饲料中维生素之间的相互影响

(1) 泛酸钙　泛酸钙在酸性条件下容易失效，因此不能与烟

酸同时添加。另外，泛酸钙吸湿性极强，因此必须先制成单项预混合料，并在其中添加适量的碳酸钠保持碱性。添加适量的氯化钙，可以防止吸湿，保持良好的流动性。

（2）氯化胆碱　具有强烈的吸湿性，碱性极强。较强的碱性可破坏水溶性维生素C、维生素B_1、维生素B_2、泛酸、维生素B_3及脂溶性维生素，如维生素K等。另外，氯化胆碱与蛋氨酸有协同作用，蛋氨酸能提供甲基（$-CH_3$）在体内合成胆碱。生产中常把氯化胆碱制成独立的制剂，在配制饲料时才分别加入氯化胆碱和其他添加剂。

（3）维生素C　维生素C具有很强的还原性，其水溶液呈酸性，可使维生素B_{12}破坏失效，所以两者不可同时制成一个饲料添加剂剂型。维生素C与维生素A有颉颃作用，与维生素B_1、维生素D有协同作用。

（4）维生素E　能防止维生素A的氧化。

（5）维生素B_1　与维生素C有协同性，与维生素B_2、维生素A、维生素D有颉颃性。缺乏维生素B_1时，可因维生素A过剩而使症状恶化。

（6）维生素B_{12}　能激活叶酸的生物学活性，鸡缺乏叶酸时，可应用维生素B_{12}辅助治疗；与维生素C合用，促进鸡生长发育的效果显著。此外，泛酸可增强维生素B_{12}的效应。

九、使用维生素饲料应注意的问题

1. 注意维生素饲料的选择　选择维生素饲料，应根据其使用目的、生产工艺，综合考虑制剂的稳定性、加工特点、质量规格和价格等因素。一般用于生产预混合料时，生产条件、技术力量好，可选择纯品或药用级制剂；生产条件差，无预处理工艺、设备的情况下，应尽量选择稳定性好、流动性适中、含量低的经保护性处理、预处理的产品；若用于生产液体饲料或宠物罐头饲料，必须选择水溶性制剂。

2. 注意维生素饲料的配伍　在生产预混合饲料时，应根据维生素的稳定性和其他成分的特性，合理搭配，注意配伍禁忌，以减少维生素在加工储存过程中的损失。总的说来，大部分维生素添加剂对微量元素矿物质不稳定，在潮湿或含水量较高的条件下，维生素稳定性会下降。因此，要避免维生素与矿物质共存，特别要避免同时与吸湿性强的氯化胆碱共存。在选用商品“多维”时要注意其含维生素种类，若某种或几种维生素不含在内，而又有需要，必须另外添加。“多维”中往往不含氯化胆碱和维生素C，有的产品中缺乏生物素、泛酸等。此外，在饲料中添加了抗维生素 B_1 的抗球虫药（如氯丙啉）时，维生素 B_1 的用量不宜过多。若每千克日粮中维生素 B_1 含量达10毫克时，抗球虫剂效果会降低。

3. 注意维生素饲料的添加方法 不同维生素饲料产品的特性不同，添加方法也不同。一般干粉饲料或预混合料，可选用粉剂直接加入混合机混合。当维生素制剂浓度高，在饲料中的添加量小或原料流动性差时，则应先进行稀释或预处理，再加入主混合机混合。液态维生素制剂的添加必须由液体添加设备喷入混合机或先进行处理，变为干粉剂。对某些稳定性差的维生素，在生产颗粒饲料或膨化饲料时，选择制粒、膨化冷却再喷涂在颗粒表面的添加方法，能减少维生素的损失。

4. 注意维生素饲料产品的包装储存 维生素饲料产品应密封、隔水包装，真空包装更佳，且应贮藏在干燥、避光、低温条件下。高浓度单项维生素制剂一般可储存1～2年。不含氯化胆碱和维生素C的复合预混合料，贮存不超过6个月；含维生素C的复合预混合料，贮存不宜超过3个月，最好不超过1个月。所有维生素饲料产品，开封后须尽快用完。

十、蛋黄增色添加剂

1. 虾壳、蟹壳 虾壳、蟹壳为虾蟹的加工副产物，制成粉剂应用。每千克虾蟹壳粉含胡萝卜素80毫克及多量虾红质，在日粮中添加10%虾壳粉或蟹壳粉，可使蛋黄颜色黄中带红。鸡、

鸭、鹅都可用。

2. 胡枝子　将胡枝子全草制为粉剂应用，其富含叶黄素和维生素。在蛋鸡日粮中添加10％～12％的胡枝子粉，可使蛋黄呈深黄色。

3. 苍术　根制为粉剂应用，富含胡萝卜素及维生素D。在蛋鸡日粮中添加2％～3％的苍术粉，可使蛋黄色泽提高。

4. 青蒿　全草制为粉剂应用，富含胡萝卜素、叶黄素、青蒿素。在蛋鸡日粮中添加2％～5％的青蒿粉，可使蛋黄色泽增加。

5. 益母草　全草制为粉剂应用，富含叶黄素和维生素A。在蛋鸡日粮中添加0.5％～1.0％的益母草粉，可使蛋黄色呈深黄色。

6. 金盏菊　是一种适于花坛大面栽培的花卉，花瓣制为粉剂应用。每千克含叶黄素8克、黄体素800毫克、玉米黄质6.4克。在蛋鸡日粮中添加0.2％的金盏菊花粉，可使蛋黄呈橙黄色。

7. 万寿菊　是一种适于大面积栽培的花卉，花瓣制为粉剂应用。每千克含胡萝卜素235毫克。在蛋鸡日粮中添加0.3％的万寿菊粉，可明显加深蛋黄色泽。鸡、鸭、鹅都可用。

8. 海藻　制为粉剂应用。每千克含胡萝卜素2.2～2.9克。在蛋鸡日粮中添加2％～6％的海藻粉，可使用蛋黄色泽提高。鸡、鸭、鹅都可用。

9. 螺旋藻　制为粉剂应用。在蛋鸡日粮中添加1％～2％的螺旋藻粉，可使蛋黄呈金黄色。鸡、鸭、鹅都可用。

10. 血粉　血粉内富含血红素，在蛋鸡日粮饲料中加入1％～3％血粉，蛋黄增色效果显著。

11. 槐叶粉　槐叶粉内含有维生素A、叶黄素、叶绿素等。在蛋鸡日粮饲料中加入5％～10％的槐叶粉，蛋黄颜色加深。

12. 柿子皮　柿子皮内含有大量的维生素A和胡萝卜。在蛋鸡日粮饲料中加入10％的柿子皮粉，可使蛋黄加深。

13. 南瓜 每千克南瓜内含有胡萝卜素 80 毫克。在蛋鸡日粮饲料中加入 25%的南瓜粉，蛋黄增色显著。

14. 苋菜 苋菜内含有胡萝卜素和叶黄素。在蛋鸡日粮饲料中加入 10%～15%的苋菜，可使蛋黄颜色呈杏黄色或橘黄色。

15. 紫菜干粉 在蛋鸡日粮饲料中加入 2%的紫菜干粉，蛋黄增色显著。

16. 银合欢 银合欢粉内含有大量的胡萝卜素，在蛋鸡日粮饲料中加入 5%～8%银合欢粉，蛋黄颜色加深。

17. 松针 多种松树的针叶都可应用，风干粉碎应用，每千克含胡萝卜素 238 毫克，是理想的家禽饲料添加剂。据测定，在蛋鸡配合日粮中添加 5%的松针粉，产蛋率可提高 13.8%，且蛋品黄色光泽增强，味道也更鲜美；在肉鸡饲料中添加 3%的松针粉，可加速肉鸡生长，缩短肉鸡生长期，使饲养期由 90 天左右缩短为 60 天，肉鸡个体重达 1.5～2 千克。

18. 橘皮 将柑橘的果皮制为干粉应用。柑橘干粉富含胡萝卜素及橘黄素。在日粮中添加 2%～6%的橘皮粉，可使蛋黄色泽明显加深。鸡、鸭都可用。

19. 红辣椒粉 1 千克红辣椒粉中含有胡萝卜素 1 200 毫克，在家禽日粮饲料中加入 0.2%的红辣椒粉，蛋黄增色效果显著，且产蛋率可提高 20%左右。

20. 苜蓿 全草制为干粉应用，每千克含叶黄素 250 毫克、黄体素 30 毫克、玉米黄质 200 毫克、胡萝卜素 320 毫克。日粮中添加 5%的苜蓿草粉，蛋黄色级可从 1 级提高到 4 级。鸡、鸭都可用。

21. 胡萝卜 每千克胡萝卜中含胡萝卜素 500 毫克以上、叶黄素 528 毫克。在日粮中加入胡萝卜，蛋黄有较多的增色效果。

十一、几种新型中药饲料添加剂

1. 紫月优生素 近年来，由于动物饲料日粮中滥用抗生素、瘦肉精、喹乙醇、砷制剂等有害饲料添加剂，造成食物中毒事件

时有发生。长期使用这些有害饲料添加剂，会不同程度地降低或抑制了动物自身的免疫功能，严重影响了养殖业的健康快速发展。为此，世界各国把饲料添加剂研究的目光投向中草药，我国一些高等院校、科研机构以及大型企业（如动物保健公司），也在加速研发中草药饲料添加剂。

在国内现有的中草药饲料添加剂中，紫月优生素一枝独秀。它由重庆市优胜科技发展有限公司首席科技顾问、西南大学黄志桂教授主持研制，采用超临界 CO_2 流体萃取技术，从天然优质中药材"紫苏子"（卫生部公布的"药食同源"物品）里，提取出 α-亚麻酸、亚油酸、黄酮等，再配以其他强生理活性物质，经特殊工艺精制而成的中草药饲料添加剂。它被农业部饲料评审委员会评定为"安全、有效、不污染环境"的新饲料添加剂。它的研制成功，标志着我国中草药饲料添加剂研究、应用的重大突破。

（1）使用功效显著　目前，该产品已经批量生产、投放市场。经中国农业科学院饲料研究所、上海水产大学、安徽农业大学、浙江农业科学院等科研院所及众多养殖企业、饲料厂的反复试验、使用证实：日粮中添加紫月优生素能增强动物的体质，提高免疫力和抗病力，预防动物疾病；提高日增重和饲料利用率，降低料重比；明显改善肉禽鱼的肉质：提高蛋鸡产蛋性能，改善蛋的品质；提高养殖效益，增加经济收入。

（2）推广意义重大　众所周知，饲料成本占养殖业的70％左右，饲料的核心技术是添加剂技术，生物技术是添加剂技术的核心之一。紫月优生素具有"高效、安全、环保、多功能"的新型生物饲料添加剂的特点，给我国开发、研制、应用中草药饲料添加剂带来新希望，具有重大的示范意义。

替代动物日粮中禁用的抗生素、激素等有害饲料添加剂，从养殖源头上保障动物健康生长，确保消费者食品安全，使百姓真正能够吃上放心肉（含禽鱼蛋），造福社会大众。

减少动物排泄物中所含的抗生素、重金属等有害残留物对土壤、水源造成的污染，消除有害添加剂对人类居住环境和人类健康的危害。

提高肉禽鱼蛋的品质，冲破西方绿色贸易壁垒，有利于畜禽产品的出口创汇。

开发利用我国中草药饲料添加剂的民族品牌，为中草药饲料添加剂走向世界打开了一扇新的大门。

2. 纳米百草金方

（1）产品特点　本品是由多位著名（中）兽医兽药专家、教授运用中兽医药辨证论治传统理论，结合现代制剂工艺技术研制开发而成的全中药、真绿色产品。经有关专家、教授临床验证和大量试验证明，本品是治疗和预防禽瘟热疫病、流感、法氏囊病、小鹅瘟、大肠杆菌病、禽霍乱等病毒与细菌病混合感染的理想产品。用后无药残、无毒副作用。定期预防用药，可有效防止由温热带来的产蛋量下降，减少热应激带来的死亡，同时能有效预防病毒性疾病的发生。

（2）适应证　本品具有清热解毒、凉血清毒、泻火排毒、祛寒抗感等作用。特别适合目前养禽业多发的各种严重病毒性传染病的早期预防与治疗。

本品可快速提高动物机体免疫力，清除病毒，提供确切的抗杀病毒疗效。

主治家禽（鸡、鸭、鹅）的各种病毒病，如流行性感冒、非典型新城疫、传染性支气管炎、传染性喉气管炎、鸡瘟等，以及其中两种或两种以上的混合感染，对病毒病初期治疗效果显著。

专家建议，本品作为预防保健用药时，可有效防止各种病毒性、细菌性疾病的发生，降低养殖用药成本，为广大养殖户带来更大经济效益。

使用本品后，可有效改善大群鸡的精神状态，增强羽毛亮度，快速增肥增重。

（3）用法用量　家禽（鸡、鸭、鹅）做预防保健时疫苗免疫24小时后使用，本品100克可供100～200只家禽（鸡、鸭、

鹅）拌料使用。肉禽（鸡、鸭、鹅）终生使用1～2次，蛋禽（鸡、鸭、鹅）每2～3个月使用一次。使用煎煮法，取上清液饮水，药渣拌料，效果更好。

（4）煎煮方法 将药用布袋装好系口（注意口不要系死，否则会有药浸不透），取水量为药量的3～5倍，放置容器中浸泡半小时，然后将水烧开，文火再煎20分钟即可。

本品特点：每个疗程只用药一天，不需加量使用，更不要每两天连续用药。本品不产生耐药性，可反复多次使用。

注意事项：本品免疫后24小时使用，可有效促进机体抗体产生，起到防止病毒病发生的作用。

3. 牛至油在蛋鸡养殖上的应用

（1）牛至油的作用 牛至系唇形科多年生草本植物，香气浓烈，似牛膝草，略带苦辣味。牛至油系从植物牛至中提取的挥发油，主要由百里醌、麝香草酚、双成烯、异百里香酚、伽罗木醇等组成。原来牛至油广泛用于食品、饮料、糖果、调味剂及肉类制品中作为抗氧化防腐保鲜剂，是国家允许使用的食品香料。近年来，牛至油开始用于动物保健品行业。据应用研究，牛至油具有两大作用：一是具有强大的抗肠道菌作用，对大肠杆菌、沙门氏菌、葡萄球菌等具有强大的杀菌作用。作用机理是牛至油具有很强的表面活性和脂溶性，能迅速穿透病原微生物的细胞膜，损坏病原微生物的内外物质交换与平衡，破坏病原微生物细胞膜正常的代谢机能，使一些重要细胞膜的生理功能丧失，因此牛至油具有强烈的抑菌、杀菌和抗菌的功能。二是促生长和增强机体免疫力的作用，牛至油可以提高消化酶的活性，从而促进营养物质的消化和吸收，提高饲料转化率，促进生长，增加产蛋量，增强机体机能，提高机体特异性免疫力。另外，牛至油具有作用迅速、无残留、不产生耐药性等特点。

（2）应用方法及效果

①应用方法：育雏鸡、育成鸡、产蛋鸡全程每吨饲料添加10%的牛至油预混剂100克。6～9月份产蛋鸡每吨饲料添加

10%的牛至油预混剂 150 克。发病后的治疗剂量为每吨添加 200 克。

②应用效果：育雏鸡、育成鸡全程添加，可提高鸡的抵抗力，减少消化道疾病的发生，降低料肉比，提高育成鸡的整体均匀度。据试验，蛋鸡从出壳到饲养 120 天产蛋，添加牛至油比不添加的每只鸡可节约饲料 0.3 千克；育雏期的成活率达 98%，比不添加的提高 3 个百分点；育成期成活率达 96%，比不添加的提高 4 个百分点。1 000 只蛋鸡 350 天节省饲料 350 千克，全价料按每千克 2 元计，等于节省 700 元的饲料。

（3）推广前景　使用牛至油作为药物添加剂，可以增创效益，另外，可以生产无公害绿色鸡蛋，提高蛋鸡养殖业市场竞争力。

由此可以看出，牛至油是很理想的药物添加剂，应用于蛋鸡，不仅能控制肠道细菌病的发生，提高成活率，还能降低料肉比、料蛋比，取得良好的经济效益。

第四章 鸡的繁殖与饲养技术

一、提高种蛋受精率的措施

1. 种公鸡的选择 种公鸡应选留性欲旺、射精量多、精子密度大、精液质量好的公鸡留作采精用。种公鸡一般选用120～300日龄的青年公鸡为佳。据试验，种公鸡24～40周龄，种蛋受精率为93.5%；45～70周龄，种蛋受精率为89%。青年公鸡相比老龄公鸡，种蛋受精率可提高4.5个百分点。对种母鸡的选择，一般应选留健康、无输卵管炎症的母鸡进行输精。对患有炎症的母鸡应及时淘汰或治疗。

2. 种公鸡的饲养管理 影响种蛋受精率的因素很多，除了与品种的遗传性能有关外，还与种鸡的饲养管理、年龄等密切相关。

（1）公母比例要适宜 在养鸡生产中，一般公母鸡适宜的比例为1∶10。多年实践证明，此比例不仅能减少公鸡间的争斗，而且能使地面散养鸡的受精率保持在93%左右，采用棚架饲养的受精率也在90%左右。

（2）科学配制日粮 因管理目标不同，对公、母鸡就应当喂给营养成分不同的日粮。应适当降低公鸡日粮中蛋白质含量（14.5%～15.5%），在公鸡料中适时定量补充一些多维素、矿物质，以满足公鸡的配种需要，提高精子的活力和质量。如每吨公鸡料中补充40～60克硫酸锌、200～250克硫酸锰，经实践证明，对提高鸡的受精率效果明显。

（3）饲喂方法 应当采取公母分饲的方法，即母鸡使用自动喂料装置，并配置限料板或限料网，以公鸡不能吃到料为准。公鸡则采用料桶给料。这种做法可有效地控制公鸡的体重，使其在后期体重基本达标，防止因鸡体过肥而引起受精能力下降。

（4）防止脚趾损伤　如果采用棚架饲养，则棚条的间距不要超过2厘米，否则会损坏公鸡的脚趾，影响受精率甚至导致其被淘汰。

（5）及时淘汰　及时淘汰跛足、有生理缺陷的公鸡。

（6）制订公鸡替换方案　产蛋期鸡群中公鸡死亡及病弱淘汰，会使鸡群中的公母比例下降。因此，在鸡群40～46周龄时，可按比例加入年轻的公鸡，以不同批次的公鸡实行替换。此法可显著提高鸡后期的受精率。为避免不同批次间鸡病的传播，应先对替换的公鸡进行隔离饲养。新公鸡在天黑前1个小时放入，并均匀地分布在整个鸡舍。

3. 提高种蛋受精率的方法

（1）严格控制体重，防止腿部疾病。厚垫草散养鸡可撒些谷物，使鸡增加活动量，增强体质。

（2）把公鸡距及内趾甲断去，剪去公鸡肛门周围的羽毛，剪去母鸡部分尾羽及周围羽毛。加大公、母比例至1∶8。

（3）采用最适年龄的种公鸡，并在鸡群产蛋5～6个月后更换年轻的公鸡。

（4）控制适宜的精液，保持温度。在生产实践中，鸡精液大部分采用短期保存，温度一般控制在15～35℃，保存半小时内输完为宜。据试验，保存精液温度在－25～－20℃，受精率88.5%；－30～－25℃。种蛋受精率90.8%；－35～－30℃时，受精率92.3%。由此证实，短期保存精液，一般控制在－35～－25℃为宜。

（5）适宜的精液稀释倍数。精液的稀释倍数应视精液品质而定。对精子密度大、活力强的精液，稀释倍数可适当大些；反之，稀释倍数应当小些。在每毫升稀释精液中，有效精子数不能低于8 000万个。

（6）选择最佳输精剂量。据试验，在同样稀释精液条件下，

每次输精量 0.02 毫升、0.04 毫升、0.06 毫升和 0.08 毫升的 4 个组，输精后 7 天采集的种蛋受精率依次分别为 87.5%、90.1%、92.3%和 92.5%。总体核算输精经济效益，以每次输精量为 0.04 毫升（有效精子数不少于 8 000 万个）较佳。

（7）稀释液中加入抗生素。现在一般常用 0.9%氯化钠注射液作为鸡精液稀释液。据试验，在稀释液中加入抗生素药物（青霉素和链霉素）试验组，其种蛋受精率比未加入抗生素对照组高出 1.1 个百分点，证明加入抗生素药物后，对精液中的杂菌具有杀菌作用，同时对精子又有一定的保护作用。

（8）科学的输精间隔时间。每次输精间隔时间过短，费工费时，而且需要种鸡数量多；而间隔时间过长，又会影响种蛋受精率。试验表明，每次输精间隔时间 3～4 天为宜。

（9）选择最佳输精时间。不同输精时间，对种蛋受精率具有不同的效果。从每日输精时间 10～12、12～14、14～16、16～18、18～20 时的 5 个试验组看，7 天后，种蛋受精率依次分别为 75%、80%、87%、90%和 94%。每日输精时间应掌握在 16 时以后进行为宜。

（10）适宜的输精部位。根据对不同输精深度的种蛋受精率测定结果看，一般以不超过 4 厘米为佳。

4. 母鸡配种规律　对没有实行人工授精的鸡群，特别是散养土鸡，也一定要按生产规律进行配种。

春天至夏初，是鸡产蛋配种的旺季。散养条件下的种鸡群，要想提高种蛋受精率，除了做到公、母鸡比例适中和保证营养外，在配种管理上还要做到符合公、母鸡性生理机能及正常的生活规律，尽量为自然交配提供方便和创造适宜的条件。那么，公母鸡在什么时间、什么情况下配种最好呢？据专家对一鸡群的测定记录：从天亮到天黑一天的全过程中，平均每天每只鸡交配的次数为 8.8 次，其中下午 7 点交配次数占全天交配次数的 73.8%，而又以下午 5～7 时最为集中，占全天的 48.8%。这是因为清晨母鸡忙于采食，然后开始陆续进窝产蛋，母鸡不爱交配，甚至对公鸡置之不理。到了下午3时以后，绝大多数母鸡已产完蛋，开始接受公鸡交配，而日落前两小时，母鸡都到运动场上去活动。此时，公、母鸡的性欲都很强烈，交配欲望很高。有的母鸡主动招引公鸡交配。据观测记录，有一只公鸡在1小时内共配8次，其中在下午5点50分至6点10分钟内交配了4次，最短交配间隔时间1分钟。因此公、母鸡在下午3点钟以后进行配种为最好。在散养条件下，要有意识地让公、母鸡在下午3点钟以后到运动场上去，让它们进行交配，以便达到提高种蛋受精率的目的。

二、种蛋的选择与消毒

1. 种蛋的选择 种蛋的质量直接影响孵化率的高低和雏鸡品质的优劣，而且影响到以后雏鸡的成活率和健康状况及成鸡的生产性能，必须严格把关。

种蛋应来自健康、高产、无任何传染病的种鸡场，受精率应达到85%～90%或以上，千万不能在患过鸡瘟、鸡霍乱、马立克氏病、法氏囊病、鸡白痢等传染病的种鸡场引入种蛋。

（1）外部观察

①大小适中。一般要求蛋用型鸡蛋开产后的前12周蛋重为52克，开产12周后蛋重为50克。开产2周后蛋重为52克以上，但均不宜超过65克，因为过小的蛋孵化时会提早出壳、雏鸡弱小，过大的蛋孵化率低。②形状正常。正常的蛋为卵圆形，蛋形指数0.72～0.76。过长、过圆，两头尖、中间大或一头特大、一头特小等畸形蛋均不能选用。③蛋壳光洁、壳质均匀、硬度适中。一是蛋壳光洁：蛋面必须清洁，且有光泽。蛋面沾有粪便、污泥、饲料、蛋黄、蛋白、垫料等均应剔除。二是壳质均匀，硬度适中：壳过薄易破，壳过厚难以出雏，出雏鸡也很弱。一般蛋壳厚度0.33毫米左右，最薄也不能少于0.27毫米，壳厚小于0.27毫米的种蛋，大部分孵不出雏鸡。三是蛋壳颜色应符合品种要求，例如在白壳蛋品种中出现褐壳蛋，那么这个褐壳蛋

就不能选作种用。砂皮、砂顶蛋要予以剔除。

（2）观察和照蛋检查　分直接观察和照蛋两步进行。直接观察是对种蛋外表的观察，凡畸形蛋、外壳粗糙不匀、陈旧、发亮和有霉斑的蛋，均不可用作种蛋；种蛋应具备大小适度（过大的蛋受精及孵化率低，过小则雏鸡个体小、品质低劣）、蛋形正常（呈卵圆形）、蛋壳结构均匀、无破损等条件，其色泽符合品种或品系的标准特征。照蛋则需放在检卵灯前观察。凡气室不正、气室变大和未受精蛋、散黄蛋、贴黄蛋、双黄蛋及蛋内有黑影的，均不能留作种蛋，以免降低孵化率。

（3）抽检　如外购种蛋数量较多时，可从不同批量和位置抽取几枚，将其打开，抽查蛋黄和蛋白的颜色与形态。优良种蛋的蛋黄一般呈橘红色、色泽较深，蛋黄色泽浅淡，说明种鸡营养差或缺乏维生素，不能作种蛋。抽检应同时察看蛋白形态，若蛋白稀薄、流散范围大，说明种鸡缺乏动物性饲料，亦不宜作种蛋用。

（4）保证多孵母鸡的妙招　孵鸡时，谁都想多孵母鸡、少孵公鸡，那么怎么才能如愿呢？要知道，同一个母鸡产的蛋，如果今天的蛋蛋端稍圆，则下一次的蛋蛋端必稍尖，再下次必定稍圆。稍圆的蛋孵出的小鸡必是母鸡，而稍尖的蛋孵出的必是公鸡。因此，选蛋时，多选圆头蛋就可多出母鸡雏。

2. 种蛋清洗消毒法　清洗消毒可提高种蛋的孵化率。对种蛋进行消毒已列为现代化孵化过程中一项常规技术。现将目前常用的清洗消毒方法介绍如下。

（1）新洁尔灭溶液喷雾法　将5%的新洁尔灭原液，加水50倍配制成0.1%溶液，用喷雾器喷洒于种蛋表面。此药液忌与碘、升汞、高锰酸钾、肥皂及碱等配合使用。

（2）高锰酸钾溶液浸泡法　配制0.02%的高锰酸钾溶液，在40℃温度下浸洗后晾干即可入孵。

（3）碘溶液法　把种蛋放入0.1%的碘溶液内浸泡30～60秒钟，捞出晾干后即可。碘溶液配制方法是：碘片10克、碘化钾 15 克加入 1 000 毫升水，然后倒入 9 000 毫升清凉水中即可。

（4）消毒法　将蛋浸入含有活性氯 1.5%的漂白粉溶液中 3 分钟，取出沥干后装盘。此项消毒应在通风处进行。

（5）土霉素消毒法　种蛋入孵后，电孵箱温度达到 37.8℃时开始计算，经 6～8 小时将种蛋取出，略置 1～2 分钟，再将种蛋放入预先制好的土霉素盐酸盐水溶液中浸泡 15 分钟。药液浓度为 0.05%（即 1 克水放 0.5 克土霉素盐酸盐），溶液的温度为 40℃（如温度高时，可用冰块放入溶液内降温）。种蛋放入浸泡 15 分钟后取出，在孵化室内略置 1～2 分钟蛋面不太湿时放回电孵箱内继续孵化。

（6）福尔马林消毒法　福尔马林为无色带有刺激性和挥发性的液体，含 40%的甲醛，杀菌力强，能杀死细菌、芽孢和病毒，刺激皮肤和黏膜，蒸发较快，只有表面消毒作用。可用此药液与高锰酸钾混合熏蒸消毒种蛋。每立方米用高锰酸钾 15 克加福尔马林 30 毫升。熏法：将蛋装进电孵箱，关闭进、出气孔和鼓风，先把高锰酸钾放在磁盘中（磁盘放在孵箱内蛋架下面），再加入福尔马林溶液，迅速闭门，经 30 分钟后打开门和进、出气孔，取出磁盘，开动鼓风机，尽快将气吹散。此法对病毒和支原体的消毒效果显著。

三、提高种蛋孵化率的妙招

要提高种蛋孵化率，除了保证良好的种蛋质量和应用先进的孵化设备、执行严格的孵化条件外，探讨其他孵化方法是一个很有必要的课题。现将 6 种能提高种蛋孵化率的方法介绍如下。

1. 光照促孵法　种蛋入孵后，孵化器内安置并开亮一只 25～40 瓦的照明灯泡，能显著提高种蛋孵化率。研究表明，种蛋经光照后能促进鸡胚发育，缩短孵化时间，孵化率比通常提高 10%左右，雏鸡体格大，增重效果比不照明的差异显著（$P<0.05$）。母鸡提前 5～6 天开产，且产蛋量高、软蛋少；公鸡精液量多而质优。

2. 紫外线照射种蛋　紫外线与白炽灯波长不同效果更为显著。据报道用 npK－2 型或 npK－4 型紫外线灯在入孵前照射种蛋 3～5 分钟，可提高孵化率 8%～18%（一般灯距蛋面 50～60 厘米），雏鸡成活率提高 4%左右。

3. 激光照射种蛋　激光具有极好的单色性和光电磁振荡作用，已有许多实践证明能提高种蛋孵化率。据研究，选用扫描增孵机对入孵前 1～2 天的种蛋进行扫描，其孵化率比对照组提高 9.35%，中死、毛蛋率降低 1.1%和 8.09%，还具有出雏集中和健雏率高的优点。

4. 弱精蛋调位促孵法　任何情况下入孵的种蛋，由于多方面的原因在 5～7 天照检时会出现一定比例的弱精蛋。如不加强管理，孵化期极易夭折。我们在孵化实践中摸索出弱精蛋"调位"促孵法，即将弱精蛋与机器内顶部正常发育的蛋调位，或将弱精蛋直接放在上部空格盘上进行孵化。由于提高了孵化温度，使之发育加快，经 20 批 245 个弱精蛋试验，孵化率仍可达 65%～70%。

5. 人工助产破壳法　孵化期长会出现这种情况：到了出壳期，大部分雏鸡已出壳，部分雏鸡却毫无动静，这时若不采取措施，未出壳的雏鸡就会窒息死亡。下面介绍一种简单易行的助产方法：

用温暖干燥的手握住出雏蛋，拿到耳边仔细倾听或轻轻摇动一下，有叫声的为活蛋。经耳听后，听不到叫声的蛋用 40℃左右的温水一盆，将待检的蛋逐个轻轻放入水面漂浮，看蛋有无摆动迹象。有摆动的为活蛋，但要助产。方法是：在靠蛋钝端 1/3 处，用小镊子或者小刀轻轻将蛋剥个环形口，即可看到雏鸡头部。在剥环口时，如遇有出血迹象，稍微停一下，再小心试剥。然后轻轻地将雏鸡头部牵引出来，使雏鸡能够自由呼吸，不致窒息死亡。手术完成后，再将带壳的雏鸡保留在孵化环境中，让其自然完成脱壳过程，切忌心急，而用人工将其余部分的蛋壳剥离。因为雏鸡的脐带连接在鸡蛋较尖的一端，人工剥离会引起大出血和腹肛部分的躯体畸形。还要注意把带壳雏鸡与脱壳鸡隔开，以免受践踏，窒息死亡。通常术后2小时，即可自然完成脱壳过程。对于仅能在蛋壳上啄出一个米粒大小的突起，而无力继续出壳的也可用同样办法处理，这样会增加雏鸡数量，孵化率提高2%～4%。

6. 对破裂种蛋进行修补 种蛋生产中有3%～5%的裂蛋，运输过程中有0.5%～1%的裂蛋。因翻蛋、振动等会出现0.1%～0.2%裂蛋。用白乳胶、骨胶、化学树脂、蛋清、尼龙透明胶带等材料修补种蛋裂缝和0.1厘米以内小孔洞效果较好。此法对入孵7天前的种蛋，入孵前因运输破裂的种蛋，以及产出4～5天以内的破裂种蛋进行修补与对照组孵化率比较差异不显著，修补种蛋孵化率在85%以上。修补时要注意涂封严密、及时入孵，减少在孵化器外的停留时间。

7. 雏鸡白天出壳法 为了降低损失，力争雏鸡白天出壳，方便操作和管理，提高雏鸡成活率，具体方法如下：鸡的孵化期为21天，但由于品质不同，种蛋质量存在差别及孵化条件控制不严，往往不会在21天准时出雏。据观察，个别雏鸡在19天零12小时啄壳，部分在20天零6小时出雏，20天零12小时时大批出雏，20天零18小时全部出雏。为使大批鸡白天出雏，以便于检雏、捡蛋壳，根据推断，入孵时间可在16时后，这样可使大部分雏鸡白天出壳。

四、照检调温检验孵化效果

温度调节是雏鸡孵化最关键的技术。如果孵化温度一直偏高，则雏鸡提前1～2天啄壳，个小体弱。特别是孵化后期温度偏高，常导致“拖黄”“血嘌”“钉脐”等后果。如果温度一直偏低，则雏鸡啄壳延迟、大肚、软弱无神。尤其是最后两天孵温下降、孵蛋受凉，将造成大量的蜷窝毛蛋。那么，在非自动控温孵化中，怎样才能避免产生上述后果呢？

根据照检入孵第5、11、19天的鸡胚特征，及时准确地调节

孵化温度，不仅可增加出雏比例，而且孵出的雏鸡健壮易养。具体方法：结合翻蛋、晾蛋，在聚光较好的电灯下观察鸡胚，视具体情况进行具体分析处理。

入孵第5天，卵黄的投影伸向小头端，红润的血管占整个蛋侧面的2/3，有眼点随蛋晃动；入孵第11天，尿囊血管正好从蛋的大头端向小头端会合，看不到透明的蛋白，照检蛋的小头有一个透明的“三角区”；入孵第19天，气室边缘变成弯曲倾斜，黑影呈小山丘状，胚体已占满蛋的全部容积，气室下方红润处有一支较粗的血管，黑影来回闪动。其中死蛋血管变暗、有血圈、血斑，或者两头灰白、中间漂浮灰暗阴霾状物，或者看不清血管、胚体成铁灰色，在室温下很快变凉。白蛋则没有发育变化。

根据发育情况推测孵温高低。一般70％鸡胚发育符合要求，每次全盘照检死蛋4％以内属正常。如果70％以上达不到发育标准状态，则视其发育快慢调节温度。一般发育过快，应适当降温或增加晾蛋次数；发育过慢，如孵化第11天，尿囊尚未合拢，可根据未合拢的程度判断低温的幅度，适当提高温度、减少晾蛋次数；若70％达到发育标准状态，但死蛋超过4％，可能是受热不均匀造成，应查找原因及时纠正。

按照上述办法，雏鸡20.5～21.5天内全部出齐，孵化率达85％，健雏率达95％以上，死蛋占6％左右。死蛋有两个高峰，即第5天和第11天，前期中死数远远低于后期。每只雏鸡盈利额比没有用此法前提高18％左右。

五、雏鸡孵化方法

孵化是养鸡最关键的技术之一，从母鸡自然孵化到家庭人工孵化是传统技术的进一步创新和发展。其中火炕孵化法、保温箱温水孵化法、电褥子孵化法、热水袋孵化法等，都是在养鸡业大发展中群众的发明和创造。方法简单、成本低廉、实用性强，在农村散养鸡中广泛应用。但规模大、质量好、效率高还是电器孵化法，目前大型养鸡场普遍应用。

这里主要介绍农家养鸡的土法孵化方法。

1. 热水袋孵化法

（1）孵化用具　长方形木框（长1.6米、宽75厘米、高15厘米）、棉被、温度计、塑料薄膜和热水袋等，封口的水袋大小与木框相同，两头不封口的水袋尺寸略大于木框，以便袋内灌水后两头有向上折叠起来的余头。

（2）操作方法　把木框放在炕上，框底铺垫两层软纸，将水袋平放入框后，框内四周与水袋之间塞上棉花或软布保温。然后往水袋内注入40℃的温水，使水袋鼓起12厘米高。把种蛋平放在水袋上，每个蛋盘装400～500个种蛋。把温度计分别放在蛋面上和种蛋之间，用棉被将蛋盖严。蛋温靠调节水袋中的水温来控制。第一周蛋温要保持38.5～39℃，第二周为38～38.5℃，18天后应降到37.5℃，蛋温超过39℃时，则要向袋内加冷水。每次加水之前，要先用一根胶管吸出等量的水，然后再加水，覆盖物要看蛋温情况而增减。出雏前3～5天，用木棍把棉被支起来，以防温度太高，也可通风。出雏时要适当加大温度，以利于雏鸡破壳，控制湿度的办法是加水盘或地面洒水。

2. 电热毯孵鸡法

（1）准备　在火炕上用12根木条，根据需要做成一个立方体，用塑料布将立方体全部包好，除留一面不固定使人可进出外，其余全部固定在框架上。在室内70厘米高处用木板或秫秸搭个架子，铺上碎干草和草帘，用木板做成长110厘米、宽65厘米的木框。在贴炕处放3厘米厚的谷糠，铺两层麻袋后放上固蛋架，框内再铺好塑料布、电褥子、棉褥子和床单。

（2）孵化　种蛋常规消毒后，预热10小时，温度达26～27℃。将蛋的大头朝上摆好，放好温度计，盖上床单、棉被，再用塑料布包严，通过给电和停电使蛋温保持在37.8～38℃。开始时，每30～60分钟检查一次，温度上下波动半度就应及时通过开关电源来调节。湿度通过放水盘和喷洒热水的方法保持在60%～70%，每2～3小时翻蛋一次。开孵第14天上摊，先将蛋

温提高到 39℃，室温 30℃，随上蛋随盖棉被。孵至第 19 天，开始破壳出鸡，此时适当提高室内温度和湿度，并使之保持平衡，大部分鸡雏可自行破壳而出。

3. 热火炕孵化法

（1）准备　选择向阳的房子，房顶糊上顶棚，有北窗的要堵严。搭炕时，每隔 0.7～1 米留一个火道，每个火道留一个火门，供烧炕用。为了保持炕温，停火后要把炕门堵严。炕上铺一寸左右厚的麦秸，再铺上席子，把放有孵蛋的笸箩放在席上。炕孵还要做好“摊”。摊架横设在暖房上空，根据房的高矮可设一层摊或两层摊。下层摊离炕约 1.3 米高，上层摊距下层摊约 60 厘米，长度和房的长度相等。一般上摊宽 1.75 米，下摊宽 2 米，摊架和前后墙之间要留出 60～100 厘米的空地，以便操作。“摊”可用高粱秆编成帘子横扎于摊架上，上面铺一层厚纸，然后铺一层 3 厘米左右厚的麦秸或软稻草。摊边应高些，以防小鸡跌落。此外，还要准备好炕被，温度低了盖棉被，温度略高盖单被。

（2）管理　孵化前先把炕烧好，炕面各处温度均要达到 37.8～38℃。其次是烫蛋，将选好的蛋放在 25℃的温水中搅动，大约 6 分钟后取出擦干，放入笸箩中，盖上棉被。鸡蛋在炕上孵化 11 天，每天烧炕两次，翻蛋倒笸箩 3～4 次，并采取移动位置，远离火道和晾蛋等办法，使蛋受温均匀。从第 11 天起，蛋就从炕上移至摊上。摊成两层，第 11～16 天在上层，第 16 天至出雏在下层。室内温度要保持在 32℃上下，每天要翻蛋 3～4 次，翻完后将摊条围好，盖上被子，孵化到 20 天即可停止翻动孵蛋。孵化期要随时注意检查温度，方法是将摊上不同位置的蛋取出，放在眼皮上试一下，如感到热烘烘的且略有点烫意即为正常；如过烫就应撤去棉被，必要时可向蛋面上喷些温水，以降低温度；如感到不烫或很凉，说明温度偏低，应及时加盖棉被或生火增温。暖房湿度要保持在 50％～60％，可采用地面上洒水的办法来调节。即将出雏时，如果湿度不足，可在蛋上喷些温水。如有大风、寒流等，要及时关闭门窗或临时增加炉火，以保持温度。在孵化过程中，还要验蛋2～3次。第一次验蛋在第7～9天进行，如气室在蛋的大端顶尖处就是正常蛋；第二次验蛋在第14天进行，主要是将中途发育停止的蛋取出。雏鸡出壳时室温应保持在32℃。在正常情况下，20天即可“见嘴”，21天出雏。

4. 保温箱温水孵化法 该方法主要依靠温水作热源，供给保温箱，经人工调节温度和湿度，达到对种蛋孵化之目的。

这种方法具有投资少、收益大、成本低、劳动强度小、设备简单、操作方便、不需室内条件等优点。一次能孵化种蛋300～360枚。增加效益显著，很适合山区或条件差的农户应用。制作要求如下。

（1）保温箱 保温箱用木板制成，木板厚为1.2厘米，保温层用纸浆，板固定夹层，夹层用棉花塞紧。保温箱长72厘米、宽54厘米、高65厘米。保温屋（夹层）为7厘米。将保温箱高65厘米分为5层；第1层（上至下）18厘米，为放置种蛋层，第2层（门）12厘米；第3层也是18厘米，为放置种蛋层，第4层保温层（门）同样12厘米，第5层是保温箱底部，保温层为5厘米。

（2）热源 热源是温水。盛温水用的是医用葡萄糖瓶子，一只保温箱需20只瓶，每层10只，每层正反面各5只，瓶口相对，要做到一旦换水开门即可。瓶子准备适当后，盛满温水，橡胶盖要盖严。瓶子入保温箱后，用干净棉花塞满瓶间的空隙，以利保温。

（3）操作管理

①试温：检查保温箱完毕，一切确认为合格，即可试温，取20只瓶子，分为两部分盛温水。第一部分10只盛温水，温度60℃，置于上保温层（即供热层）。然后瓶口对置（求中间）放好，第二部分10只盛温水，温度60℃，置于下保温层，放法与上层相似。分别装完后，将棉花铺在供温层上，约为2厘米（不太紧）。再放上蛋盘，蛋盘上有2厘米松软的棉花，放入一支温度计，将棉被盖上，40分钟可升温达39～40℃，为标准保温箱，

试温合格即为结束。

②开始入孵：也就是将盖好的被子撤开，取出温度计。将选好的种蛋放入38～41℃温水中适温并综合消毒，5分钟后，取出放入蛋盘棉花上。按每层150枚放好后，将温度计置于蛋表面，加上盖物即可。整个孵化期可不另外加湿。首先每2小时换水一次，注入温水温度60℃。以后每6小时换水一次，注入温水温度60℃。

5. 沼气孵鸡法 用沼气热能孵鸡，一年四季都能安全出雏，具体方法如下。

（1）制造孵化箱 孵化箱由两部分组成，上部为孵化箱，下部为热能箱。上部箱体用纤维板或杂树硬木制成，中间夹层填塞锯木屑、碎塑料泡沫或稻麦壳等材料作为绝热保温用。箱内设有转动式蛋架，共分7层，上下转动轴心，上面6层盛放蛋筛，底层放入一个空竹匾，起缓冲温度作用。正面有扇玻璃门，每个箱体可放孵种蛋1 000多个。下部热能箱四周用砖砌成，外部用石灰粉刷，内部砌成炉膛，放置沼气炉具，在上下连接处，装一层厚铁皮，上面铺草泥和草木灰，用以调节顶筛和底筛的温度。可因地制宜造孵化箱。

（2）孵化操作与管理 ①孵化前要将种蛋、设备用具用0.1%浓度的高锰酸钾溶液进行消毒，用温度计试温2～3天后方能入孵。②装筛上蛋。每箱最多6筛，最底层放一空筛，里面放一棉被，用以调节缓冲温度。③斟筛转筛。箱内有时温度不均匀，需隔2～3小时斟筛一次。④控制温、湿度。每隔2层放一温度计，每3小时测温一次。要掌握恒温入孵，每5～6天入箱一批，这样就能实现连续循环孵化，以解决种蛋不足的矛盾。⑤上摊床。种蛋孵化到18～19小时就将胚蛋从产箱内移到摊床上继续孵化，每2～3小时调动边、中蛋，如边、中蛋温湿差小，可少翻一次，到第21天即可孵出小鸡。

6. 鸡雏孵出后看鸡雏的质量 判断孵化中存在的问题，认真总结经验和教训，下次孵化时引起重视，及时纠正。

（1）小鸡毛短，鸡体瘦小。说明第1～17天温度过高。

（2）毛色老，出壳提前，料粘毛带壳。说明湿度不足，温度过高。

（3）钉脐带线。说明后期过热，湿度不足。

（4）小鸡站立不稳，身体软弱。说明温度偏低。

（5）出壳提前但拖延时间较长，壳内有剩余蛋白。说明后半期过热，翻蛋不当或翻蛋不正常，使尿囊未合拢。

（6）小鸡常有大批脚腿病。一方面是第13～16天小鸡大量吞食蛋白时遇上高温。另一方面是长期高温郁热、湿度太低造成的。也有的是种鸡缺少维生素，应及时适量喂给。

（7）出壳晚。孵化过程中温度低，种蛋大；孵化器内温度变化大，冷热不均。

（8）啄壳时死亡。孵化第19～21天温度太高；种鸡群饲料配合不当，出壳时空气不新鲜；蛋壳太薄。

（9）雏鸡质量不齐。孵化器通风不良；种蛋贮存时间长短不一；品种不同；种蛋大小不齐。

（10）雏鸡粘壳。孵化第20～21天温度低；第20～21天湿度大；拣雏过晚。

（11）雏鸡身粘蛋白。孵化20天以后，湿度过高或温度过低；出壳时通风不良，空气流通不好。

（12）脐带收缩不良。孵化第20～21天温度太高或太低，种鸡饲料配合不当。

第五章

雏鸡的饲养与管理

一、保暖箱与草窝育雏鸡的方法

1. 自制保暖箱，可提高雏鸡成活率 刚出壳的雏鸡，抗寒抗病能力较弱，特别是早春气温低、雨水不多的年份，雏鸡成活率往往很低。如果自制一个保暖箱，成活率就可以大大提高。

保暖箱的大小可根据雏鸡的数量来确定，以养20只左右的雏鸡为例，只要找两只肥皂包装箱，平行固定相连，相连的中间剪一个15厘米见方的小洞，让小鸡可以自由通行，然后在纸箱底部垫上一些保暖物，如棉絮或布片。顶盖剪一个直径10厘米的小洞，并安一只15～25瓦的电灯泡。灯泡的高度以不直接挨到鸡身为准，另一只纸箱只要把底部摊平，内放食料和饮水即可。这样，在气温低的阴雨天，只要将小鸡放在开灯的箱内就行，饥饿或较热时小鸡会从开灯的箱自行到另一箱去采食、饮水、乘凉，受冷时又会回到有灯的箱内取暖。如天气转暖，则只要将电灯熄掉就可以了，这样的保暖箱方便简单、占地不大，特别适合养鸡不多的农户，保暖箱育雏成活率可达98%以上。

2. 草窝保暖育雏鸡好 饲养早春鸡，雏鸡病少、个体大、产蛋早、效益高。但由于早春气温低、温差大，不少农户怕难以控制温度，影响成活率，不愿饲养早春鸡。这里给大家介绍一种草窝保温育早春雏鸡的方法，供参考。

草窝保温育雏就是用稻草扎成扁圆形草窝，旁边开一小门便于雏鸡进出，顶盖留一小孔通气。窝内垫上干稻草，上面再铺层草席（温度偏低时可在草席下稻草内放几只装热水的盐水瓶），雏鸡自身散出的热量使窝内增温，从而达到保温的目的。

掌握窝内温度是否适宜可用温度计测量。其标准是出壳第1周的雏鸡宜30～32℃，第2周宜28～30℃，第4周23～25℃。如果没有温度计，则应视鸡群活动状况采取相应措施来调控温度：如鸡群拥挤成堆，叫唤不休，说明温度偏低，需盖好草盖，用稻草塞小门，必要时还需加盖单衣或棉衣；如小鸡张口喘气，耷翅伸颈，饮水增多，食欲减退，表明温度过高，需半盖或揭去草盖。总之，加盖或揭盖都要注意时间不可过长，以免雏鸡受热或着凉生病。

草窝育雏鸡还应注意清洁卫生，垫草、草席应常换，鸡粪及时清除，保持窝内干燥，晴好天气将草窝拿出晒一晒。

二、提高雏鸡成活率的诀窍

1. 开食应用醋小米喂雏鸡，提高成活率 实践证明，用食用醋水或醋米喂雏鸡能预防雏鸡白痢病和霍乱的发生，从而提高雏鸡成活率。

那么，食用醋为什么能起到防病作用呢？因为醋内含有2%醋酸、微量乳酸、丙酮酸、苹果酸、氨基酸、糖、胶质、盐类等成分。酸能刺激胃、肠蠕动，促使胃酸和肠分泌液增加，增进食欲，帮助消化吸收。一般病菌不喜欢酸性环境，所以，食醋能预防雏鸡肠道传染病，起杀菌消炎作用。醋内所含的各种营养，能促进鸡的生长发育，增强体质，提高抗病力。

用法：小鸡出壳半月内，每天坚持用1份醋加10份水浸泡的小米喂雏鸡，或1份醋加20份水给雏鸡饮用。若出壳后头3天醋里适量加糖，其防病效果更好。

2. 雏鸡减食或不食的原因和解决措施 一般雏鸡减食或不食有如下几种情况。

（1）饲料品种突然调换，特别在饲料质量下降、适口性差时。

（2）习惯采食湿料而突然改变喂干粉料时。

（3）长期吃单一饲料或营养不平衡时。

（4）料变质或有异味时。

（5）忽饱忽饿时。

（6）冷热不均匀、饮水不足或饲料长期缺砂时。

（7）鸡群发生疾病时。

雏鸡采食少或不食就会经常处于半饥饿状态，休息不好，影响雏鸡生长速度。因此在饲喂时要少喂勤添，避免饲料酸败，每餐之间要有适当空槽时间，保证雏鸡有旺盛食欲，这样雏鸡才能快长。

3. 雏鸡不宜多喂蛋白质饲料　育雏鸡时，不少人过早过多地喂给鱼粉、豆饼等蛋白质饲料，这样不仅没能起到使雏鸡强壮的目的，而且容易引起雏鸡消化不良。因为雏鸡（特别是10日龄内的雏鸡）胃肠消化器官还很弱，饲喂过多的蛋白质饲料往往使其胃肠负担过重，消化器官机能发生紊乱。严重的可因蛋白质中毒而死亡。1～4日龄的雏鸡，日粮中不可添加豆饼、鱼粉等蛋白质饲料。日粮中蛋白质饲料，5～10日龄雏鸡只可占10%以下，11～20日龄不可超过15%，21～30日龄不可超过25%。要多喂些磨碎的玉米、小米、切碎的青菜叶等容易消化的饲料，最好在其日粮中添加1%的苍术粉，既有益于雏鸡的消化吸收，又益于雏鸡发育增重。

4. 雏鸡10周龄组群最适宜　养鸡生产实践证明，雏鸡到10周龄时再重新进行一次组群较好。因为雏鸡在10周龄以前，其血液中促肾上腺皮质素的含量变化不大，超过10周龄会出现稳定性差异。这时，鸡群中个体之间为确定其在群中的等级地位，发生剧烈格斗。只有群位关系建立后，群中才能有良好的气氛。因此，在发生格斗时，就会引起啄羽、啄尾、啄肛等恶癖，有相当一部分鸡要互相啄伤。特别是体弱、性情温柔和胆小的雏鸡受啄更为严重。因互啄造成的死亡和被迫淘汰的鸡，有时可占鸡群的20%左右，带来严重的经济损失。怎样减轻或避免这种现象发生呢？除注意在其日粮中添加适量石膏、硫和保羽灵外，最好在10周龄时再重新进行一次组群。把强壮、胆大、体质相近的鸡组合成一群；把体弱、胆小、性情温驯的鸡组合成一群。饲养管理中对弱小鸡进行特殊照顾。这样，不但减少或杜绝啄癖的发生，而且有利于弱鸡的生长发育，提高了整体均匀度和成活率。

5. 春季养雏鸡要防止缺氧 春季是养鸡户补充雏鸡的大好时机，但如何处理好鸡舍防寒保温和通风换气的关系，处理不当常引起鸡舍缺氧，严重影响雏鸡的生长发育，从而降低养鸡的经济效益。

（1）鸡的体温高，呼吸的气体比哺乳动物高 2 倍多，需要的氧气多。要经常加强鸡舍内的通风，保证有足够的外界新鲜空气，才能使鸡健康活泼、少生病。鸡舍一般 2～3 小时通风一次，每次通风 20～30 分钟。

（2）有些养殖场只强调保温，不注意通风，造成鸡舍严重缺氧，常发生鸡只二氧化碳中毒。特别用煤炉保温时，有时跑烟或倒烟，容易发生煤气中毒。最好把炉灶砌在鸡舍外边，可有效避免有害气体的毒害。

（3）垫料与排泄物在一定的湿度与温度下会发酵，消耗育雏室内部分氧气，且会排出毒气。为了防止和减少这一现象的发生，及时清换垫料与排泄物是减少和防止育雏室缺氧的一种办法。在清除垫料和排泄物时，千万注意不要揭开全部用以保温的遮挡物，应选择风和日丽、气温较高的时间进行，并要迅速垫上新的垫料。

（4）为了避免某些热源与雏鸡争氧，同时避免某些热源在燃烧产热时释放出有害气体和烟雾，育雏加温时应当尽量避免选择如柴、煤、炭、木料等明火直接燃烧的燃料，而应采用电源或采用炕道保温形式供热保温。

（5）喷洒增氧药物。过氧乙酸是一种性质不稳定但可以释放出氧气和乙酸的广谱高效化学消毒药物。根据这一特性，适时在鸡舍内喷洒过氧乙酸，一可以增加氧气，二可以对鸡舍消毒，三可以中和部分有害的碱性气体。

三、雏鸡死亡率高的原因与对策

雏鸡死亡的原因是多方面的，问题比较复杂。每个养鸡场和养鸡户，地理环境不一样，管理水平差异，饲养条件、饲料品质、病理条件、防治与预防措施等不可能一致，就其各自的情况不同，很难准确确定死亡原因与采取的措施。这里根据自己的管理实际和采取的措施，作一介绍，供参考。

1. 育雏期温度控制不好 “有钱买药，没钱买煤”是许多养殖户的一大误区。很多养殖户怕烧煤花钱，从而温度很难保证，导致雏鸡得病用许多药物。温度过高，雏鸡的体热和水分散失受到影响，食欲减退易患呼吸道疾病，生长发育缓慢，死亡率升高；温度过低，雏鸡不能维持体温平衡，相互挤堆，导致部分雏鸡呼吸困难，卵黄停止吸收，甚至死亡。

2. 密度过大，相互挤压 由于密度过大，饲槽和饮水器数量少、放置位置不当，环境突变，异物刺激等，常导致鸡群互相挤压。每平方米可饲养30～40只鸡，随着日龄的增加，每周可递减5只左右。还应根据鸡的品种、大小、强弱不同进行分群饲养，以免互相挤压。

3. 疾病预防不到位 养殖户很少注意育雏的保温设备、料槽、饮水器等日常用具的消毒，不能及时对雏鸡进行鸡新城疫的基础免疫和加强免疫，法氏囊病、鸡痘疫苗等接种也不及时。雏鸡白痢和球虫病是育雏阶段两大疾病，养殖户往往不能很好地把握防病时间和方法，等到病鸡出现症状后才采取有关措施，为时已晚。

4. 饲料质量不佳，营养不全面 雏鸡营养最为重要，一旦动物蛋白、矿物质、维生素、氨基酸不能满足雏鸡的营养需要，就会严重阻碍其生长发育，表现体质瘦弱、生长速度缓慢，甚至发生相应的营养缺乏症。要根据雏鸡的营养需要和当地饲料来源、种类，因地制宜地配制全价饲料。

5. 鸡舍的卫生条件差 养殖户一般不太注意鸡舍卫生，鸡舍地面的垫料长期不更换，不经常打扫，舍内温度过高、湿度大、鸡粪成堆，病原体和寄生虫卵长期生长，传染病和寄生虫病很容易传播，从而导致发病率和死亡率升高。要搞好鸡舍卫生，及时清除舍内粪便和垫料，保持鸡舍干燥。定期进行鸡舍、用具消毒，再给予药物预防和治疗，就可以有效地控制疾病的发生。

6. 不注意鸡舍通风换气 育雏室的空气要保持新鲜。由于雏鸡的代谢旺盛，鸡群排出大量二氧化碳，粪便堆积会产生氨气，浓度过高也会引发疾病。育雏舍要注意通风换气，但不应让空气直接吹入鸡舍，尤其外界气温低时，更要防止冷风直接吹入，以免雏鸡着凉感冒。

广大养殖户只有在实践中不断地学习，总结经验，进行科学的饲养管理，才能有效地减少雏鸡的死亡，降低死亡率才能获得更好的效益。

四、雏鸡断喙新法

雏鸡实行断喙能有效地防止啄癖，减少饲料浪费，防止产蛋母鸡脱肛，降低鸡群的死亡率，能够显著提高养鸡的经济效益。

1. 电热断喙器断喙法 在雏鸡6～9日龄，用电热断喙器将雏鸡的上、下喙约切去1/2或从喙尖到鼻的2/3，并使切口与热刀片接触2.5～3秒钟，使切面毛细血管结痂封闭即可。

2. 铁烟筒断喙法 准备一节烟筒或利用育雏煤炉的烟筒，烧起炉火使之接近发红，然后将喙的断端抵在烧红的烟筒上烫烙，直到喙部达到适宜的部位且不出血为止。

3. 喷灯断喙法 点燃喷灯，在距喷口5～10厘米处放大小、厚度适宜的铁板，并调整其距离，将铁板烧至暗红色，然后将雏鸡喙尖触及铁板断之。

4. 电烙铁断喙法 先把电烙铁用铁丝固定在椅子背上，然后接通电源，5分钟将雏鸡喙尖抵住烙铁前端，将喙尖烙去。

5. 镀锌板断喙法 先将电炉接通电源，然后将镀锌板放到电炉上，烧到一定热度，将中心位置的锌层刮去，待镀锌板烧至暗红色时，即将鸡喙抵住此部位做快速垂直擦动，最后再将喙切口的边缘烙一下，使其烙得圆滑。

6. 废钢锯条断喙法 将 2～3 根废钢锯条用铁丝重叠扎在一起，并在一头装上木柄，形成一个锯条棒。断喙时将 3～4 个锯条棒放入火炉灼烧。先用剪刀剪去喙的尖端，紧接着用微红的锯条棒烫烙喙的切口。断下一个喙时换另一个锯条棒，依次轮换使用。该法适于养鸡较少的农户应用。

五、从换羽快慢判定雏鸡的优劣

春夏是育雏的黄金季节，在育雏的过程中，要特别注意加强对弱雏鸡的饲养和护理。因为雏鸡成活率高低是养鸡生产成败的关键环节。弱雏和健雏的区别，除了看其精神、食欲和体躯大小外，根据换羽情况来判定其强弱更为准确。因为初生雏鸡换羽是有一定规律和顺序的。第 1 周主翼羽和尾羽先长出来；第 2 周肩部和胸侧的羽毛脱换；第 3 周靠尾部和嗉囊部位羽毛脱换；第 4 周颈部绒毛脱换；第 5 周为头部和腹部羽毛脱换；第 6 周胸部羽毛脱换；第 7 周轻型品种已有完好的羽被了，而中型品种鸡则要晚 1～2 周才有完好的被毛。

养鸡生产实践证明，凡 5 周龄以后，头颈部绒毛尚未脱落的雏鸡，均属发育落后的雏鸡（弱雏鸡）。这种雏鸡在鸡群中占 20%～25%。绒毛脱落晚的雏鸡体温调节机能差，应加强保温护理。此外，对这部分弱雏鸡最好组合成小群单独饲养。一是提高日粮质量，增加营养；二是在日粮中添加适量的硫、石膏等，以便促进胎毛的脱落和羽毛的萌生，加快换羽的速度。这样可缩小与强雏的个体差别，提高雏鸡的整齐度。

六、雏鸡的饲养与管理

春季是饲养雏鸡的大好季节。要想饲养好雏鸡，必须掌握以下要点。

1. 进雏准备 不管是笼养还是平养，均须对育雏室的房舍、门窗、笼具、饮水器、喂料设备等进行清洁、维修和补充。特别要搞好舍内外环境的清洁卫生及消毒工作，空栏1周左右再进鸡雏。

2. 适宜的温度 开始育雏温度一般为35℃，以后视雏鸡健康状况和外界温度高低进行调节。专业性孵鸡可修建育雏室，农村一家一户可采取地面育雏，地面铺5厘米左右清洁干燥的垫草即可。同时还可以采用小床育雏。有条件的养鸡户可用笼育雏。不论采用哪种方式育雏，应注意温度要适宜。

在实际饲养中必须根据雏鸡的行为表现及分布情况，检查供温合适与否。雏鸡的供热标准见表5-1。

温度合适，雏鸡分布均匀，运动自如；温度偏高，雏鸡张口喘气，远离热源；温度偏低，雏鸡扎堆，发出吱吱的叫声，紧靠热源。

3. 合理的湿度 育雏期10日龄内的湿度要求达60%～65%，有利于雏鸡对剩余卵黄的吸收。雏鸡10日龄后要注意降低湿度，多通风换气，勤换垫料或者按每平方米添加0.1千克过磷酸钙，使相对湿度保持在55%左右，以防止球虫病的发生。

表5-1 雏鸡的供热标准

年　龄	育雏区温度（℃）	室温（育雏室温度℃）
1～4日龄	35～36	27
4～7日龄	33～34	24
2周龄	31～33	21
3周龄	28～31	21
4周龄	25～28	18
5周龄	22～25	18

4. 保持通风换气 早春育雏一般采取大群育雏，因此，室内二氧化碳浓度不能超过0.15%，最高不要超过0.4%。雏鸡对氨较敏感，氨浓度不应高于20毫克/千克，以利于雏鸡的生长发

育。开放式育雏室应设小天窗和地面进风百叶罩，定时打开对流通风换气。密闭式育雏舍应采用动力抽风换气。

5. 补充光照，密度适当　补充光照可采用人工光照和自然光照相结合的方法。密闭式育雏室，雏鸡在3日龄内每昼夜连续光照22小时左右，从4日龄到20周龄每天平均光照10小时。开放式育雏室，雏鸡出壳后0～3日龄每天光照18小时，从4日龄起每周减少光照20分钟，到21周龄光照时间11小时左右为宜。光照强度每平方米0.3瓦即可。育雏饲养密度要根据鸡舍的结构、通风换气及饲养条件等具体情况灵活掌握，一般情况下每平方米地面平养1～4周龄鸡40～30只，5～8周龄鸡30～15只。一般一个鸡舍内饲养800只鸡。

6. 及时开食，全价饲养　雏鸡一般14小时内开食。开食前，先让雏鸡饮用0.01%的高锰酸钾水，将胃肠胎液洗掉。然后将备好的碎米、玉米、小米撒在塑料布上，诱导雏鸡采食。5天后，可全部改用全价配合饲料。饲料的干湿以手抓成团，松手能散为好。在雏鸡日粮中，矿物质要占2.5%、食盐占0.3%，还要适当加入些微量元素，如硫酸锌、硫酸锰、硒酸钠、硫酸铜、硫酸亚铁。同时，加入维生素或青绿饲料。育雏期间，不能喂雏鸡生水，应把开水放凉后让雏鸡自由饮用，保证育雏室内经常有清洁的饮水。

7. 及时防病、接种疫苗　开食后，用1/8片土霉素片，碾成粉末，拌入饲料内喂10只雏鸡。7日龄后，用新城疫2系疫苗给雏鸡滴鼻，20日龄后再用1系疫苗滴1次。2月龄的雏鸡注射2系疫苗和禽霍乱疫苗。同时，鸡舍内经常用石灰、波尔多液等消毒剂消毒，保证清洁卫生。

8. 断喙　目的在于防止鸡群发生啄癖和浪费饲料。具体方法按雏鸡断喙一节具体操作。

雏鸡经过精心培育，在即将产蛋之前，经过公母鉴别后，清出没有利用价值的公鸡，这是节约饲料、提高经济效益的重要措施，不可忽视。

七、雏鸡的公母鉴别法

1. 广大养鸡户从实践中总结出一套歌诀，如下。

雏鸡破壳先下地，雄雌体态有差异。

头大脚大常为公，头小脚小常为母。

母鸡走路成直线，公鸡步伐两边移。

用手轻摸鸡体尾，母圆公尖无需疑。

抓住鸡脚倒提起，头部朝下是母鸡。

把鸡抓起轻放下，公鸡直跑母慢行。

吹开鸡毛看屁股，下有白尖为公鸡。

虽然看摸非绝对，十有八九可靠性。

方法简便易试行，总结经验效果灵。

2. 触觉鉴别法 雏鸡出壳毛干后，将其握在手中，以小指轻压其腹部，如感觉稍滞实、缺乏弹性的多为母雏；感觉柔软而有弹性的则多为公雏。

3. 骨骼鉴别法 如果是同一品种、同一批次出雏，1日龄便可用拇指和食指捏颈部来对比鉴别。如感到颈椎较粗，颈部肌肉强壮的是公雏。孵出10天后进行比较，则身躯较长、体重较重、腿较高、脚胫粗长，且第二趾与第四趾长短不一的，可判断为公雏；身躯较圆、体重较轻、腿较矮、胫骨细短，且第二趾与第四趾的长短一样，可判断为母雏。耻骨之间距离（即肛门下部两边骨头之间的距离）狭小的多为公雏，耻骨之间距离宽大的多为母雏。

4. 动作鉴别法 一般讲，强健雏鸡多为公雏，柔弱的多为母雏。眼球较突出、有光的为公雏，眼神柔弱温驯的为母雏。动作敏锐、举步大、叫声粗浊，抓土时脚爪横抓的多为公雏；动作迟缓，步幅小，叫声细小悦耳，抓土时脚爪直抓为母雏。

5. 脚印及奔跑身躯鉴别法 雏鸡若在辅有细砂或灰土的地面走动，印下箭头似的脚印，如果“箭”的方向呈一条直线，奔跑时身躯直线前进的，就是公雏；“箭头”的方向相互交叉，奔

跑时身体后部左右摇摆的是母雏。用手倒提雏鸡的双脚，如果头颈弯曲向上钩，两翅展开向上拍，使劲挣扎的为公雏；头颈下垂，两翅展开无力合拢，表现出一副懦弱样子的，便是母雏。将雏鸡从高处往下赶，展开翅膀连奔带跑的，是公雏；翅膀展不开，连走带滚下坡的，便是母雏。若用食饵引诱雏鸡到跟前，将食饵撒在地上，跑得快、啄食快而有力的，是公雏；走得慢、啄食慢而无力，且不争啄的，是母雏。

6. 肛门鉴别法　这是最准确的方法，鉴别时，可将雏鸡托在手中，观察肛门活动，雄雏肛门闪动而有力，雌雏肛门收缩缓慢，时闪时停。肛门闪动时，上下纵开的为公雏，左右横开的为母雏。如果能观察肛门的生殖器突起，辨别公母就准确了。具体方法是，将小鸡握在左手，用右手大拇指和食指轻轻地按肛门两侧，使肛门外翻，如果能看到粒状的生殖突起，就是公雏；看不到明显粒状突起的就是母雏。

使用该方法应注意：一是雏鸡出壳后，不超过20小时为宜，时间过长，肛门收缩难于开张容易出现误差；二是识别时手要轻握，不要压迫雏鸡呼吸道；三是鉴别人员坐的姿势要端正，上身挺直；四是鉴别后的公母雏要分开放置。

7. 羽毛鉴别法　雏鸡换生新羽毛，一般雌的比雄的要早，在孵出的第4天，如果雏鸡的胸部和肩尖已有新羽毛长出，是雌雏；在孵出后第7天，才见胸部和肩尖处有新羽毛的，就是雄雏。

第六章 蛋鸡的饲养与管理

现在，在蛋用鸡中最享盛名的是“来航鸡”，曾在365天创下了连续产蛋361个的世界最高纪录。美国新泽西州怀恩兰有一只白来航鸡，曾产下一只重达0.73千克的鸡蛋，是当今世界上最大的一枚鸡蛋。我国湖南省石白县爪峪乡新铺村专业户于中华养的一只来航鸡，因难产于1983年6月25日解剖，取出一只重达0.68千克的巨蛋，为世界之罕见。

一、蛋鸡生产潜力有多大

1. 鸡蛋的大小由人说了算 鸡蛋过大或过小都会影响其商品率，特别是刚开产的鸡，蛋一般比较小，不受消费者欢迎。日本研究者在刚进入产蛋期的鸡饲料中添加各种营养物质，观察鸡蛋的大小变化，结果发现在饲料中掺入亚油酸，可以有效促进鸡蛋的生长。亚油酸在饲料中的比例为0.68%时，每个鸡蛋的重量基本保持在58.8克；亚油酸的比例提高到2.38%时，每个鸡蛋的重量可达到59.6克。向日葵油和玉米油中都含有丰富的亚油酸，可以作为蛋鸡产大蛋的添加剂。

2. 母鸡日产两蛋新法 鸡喜欢生活在音乐环境中，并对颜色有偏好，对红外线的接受能力较强等，如让鸡听音乐、照红外线，把鸡舍涂成红色、黄色或橙色（单一色或几种颜色均可），食物中添加维生素、矿物质、麦芽等促进产蛋的成分，并让鸡每天睡6小时，每只鸡每天都可产2个蛋。

3. 蛋鸡能使用4年以上的新技术 通常一只母鸡饲养到4个半月左右即开始产蛋，经过1年多时间产蛋率开始下降，以后逐步被淘汰。

新加坡一位专家通过多年试验证明，采用一种人为的方法能使母鸡有两次以上的“青春期”，从而使其产蛋期从1年多延长到4年以上。其方法是：在母鸡产蛋率下降后，停止供应饲料和饮水，使母鸡因饥渴而产生情绪不安，3天后每天上午和下午各供应少量饮水1小时，至第5天供应饲料5克，以后每天增加5克。在此期间，夜间要把鸡舍的灯光熄灭。经过这样处理后，母鸡脱下旧羽长出新羽，20天后即出现第二个“青春期”，又可恢复原来的产蛋率。

二、母鸡的特殊表现

1. 母鸡“脸”红的奥妙　要说明鸡“脸”发红的形成，也就是揭示母鸡将要产蛋的奥秘。

母鸡的面部和机体与别的皮肤不同，它的面部充满了微血管，在停止产蛋的冬季里，母鸡脸部的血液循环由于光照明显减少、气温下降的刺激和食源（尤其天然食源）的不足，鸡脸瘦瘪并且苍白。但到“惊蛰”过后，气温增高，随光照时间的递增，尤其新草长出、昆虫出土后，改变了鸡的生活条件，这样优厚的条件会提高母鸡的身体素质。

春季母鸡受环境条件转变而体质提高，必然在脸部呈现出血气旺盛的特点——母鸡，脸赤冠大，富有春的生机！其实，“母鸡红了脸，转眼要下蛋”的谚语，透露出母鸡腹腔内已经形成卵，表示它机体内的生殖系统已经通过调整，产蛋即将开始。

不过，也有些鸡面颊消瘦而憔悴、苍白而失神，但它们还在产蛋。这些鸡为数甚少，而且多是产蛋后期。

2. 为什么要善待秃毛鸡　常见到蛋鸡鸡群里有部分羽毛稀少、甚至羽毛全无、赤身活动的鸡只，样子非常丑陋。它们采食不挑剔、吃得香甜，吃饱后就进入产蛋或趴在一旁休息。它们常受到羽毛比较丰满、举动比较潇洒鸡只的啄食和欺负。在饲养大群蛋鸡的过程中，正是这种鸡产蛋最多。因为它们在春夏两季大量产蛋的过程中，把自己的精力和机体内的营养物质最大限度地供给了产蛋。因此，它们的机体失掉的特别多，出现了羽毛稀少和体形丑陋的现象，该怎样对待这种丑鸡呢？

（1）要把它们当成这个鸡群的功臣对待，加以保护。不让刁懒的鸡啄食和欺负它们，让其心情舒畅地生活在鸡群里。

（2）在饲喂中给予特殊照顾，有意识地把食盆或食槽放在它们附近，让其先吃到饲料。

（3）在大群中隔成小圈进行饲养，除让它吃足外，还要提高饲料质量，增加昆虫粉、血粉、豆饼、骨粉、石膏、保羽灵等蛋白质和矿物质的数量，以满足它们机体高产性能的发挥，并保证其健康。

（4）重新组群时，要首先选留高产鸡只，淘汰那些羽毛丰满、举动昂扬且产蛋极少的低产鸡。如此，才能组成高产性能的蛋鸡群，获得饲养蛋鸡的高效益。

三、鸡异常情况的处理方法

1. 如何解决母鸡肥胖 凡是体重、油多的母鸡，都被视为只吃料不下蛋的废鸡，常被过早宰杀。其实，让这种肥鸡恢复生产方法很简单。即检查鸡肛门上方是否长出一个1.5～2厘米的锥状物（其底如细毛笔杆那么粗）。如有就用剪刀将它切除，然后用手挤一挤油腻，即使出点血也不碍事。一般切除3天后鸡就可产蛋。

2. 初产蛋鸡为什么产异常蛋 早春育雏的蛋鸡一般在秋末冬初即可开始产蛋。春末夏初育雏的蛋鸡一般在冬季或翌年初春季开产。初产蛋鸡在产蛋的过程中，有部分鸡会出现一些异常现象。如产蛋无规律，蛋与蛋之间间隔时间长，产软皮蛋，一天之内产一个异形蛋、一个正常蛋或两个均为异形蛋，产很小的蛋。

在蛋鸡的饲养过程中，有人把这种情况看作异常现象或不吉祥的征兆，盲目地把这些鸡淘汰了。这种认识和做法都是不对的。因为初产蛋鸡短时间产异常蛋属于正常现象。蛋鸡从开产到休产的整个过程中，共分三个阶段：一是始产期，二是主产期，

三是终产期。鸡从开始产第一个蛋到正常产蛋开始称为始产期，上述异常情况都出现在这个阶段。始产期过后，这些异常现象会随之消失，此期持续时间很短，大约经15天即可结束而进入主产期。鸡进入产蛋高峰期，不但异常现象消失且产蛋数量多、质量高。

3. 鸡为什么无故“炸群”　鸡无故“炸群”是指在安静环境中，少数鸡突然惊叫奔逃；转眼间，全群一哄而起，乱飞乱跑。此种情况如果多次发生，可影响鸡体健康，产蛋减少、生长缓慢。

这种现象是由营养不足引起。防治方法：具体了解一下饲料情况，哪种成分不足就补充哪一种。维生素B_1不足，可在每千克混合饲料添加3毫克；泛酸不足，可在每千克混合饲料中添加40毫克；蛋白质不足时，可增加富含蛋白质的饲料，如大豆、豆饼之类。另外，鸡在突变环境中可产生应激反应，此时多种维生素的需求量会增多，如维生素A、维生素B_3、维生素K、维生素C和叶酸等。若用“禽用多种维生素”（各兽医站有售），防治效果更好。用量为每50千克饲料拌入多维素5克。此时，还应保持环境安静，以加快鸡只恢复。

4. 鸡为什么突然出现“观星”状态　鸡突然出现“观星症”，即病鸡的头部向背后极度弯曲，呈现所谓观星星的姿势。它是由于维生素B_1缺乏引起的一种营养性疾病。发病鸡除具特异症状“观星症”之外，还有下列表现：成年鸡在鸡缺乏维生素$B_1$3周后发病，幼鸡则在2周内即发病。成年鸡发病较慢，幼鸡则突然发生。病初食欲减退，生长缓慢，羽毛松乱、无光泽，体重减轻，腿无力，行走不稳，出现腹泻。成年鸡鸡冠呈蓝色，随着病情的发展，神经症状逐渐明显，先为脚爪的屈肌麻痹，以后蔓延到腿、翅膀和颈部。使病鸡难以行动，病鸡常常双腿屈曲叉开，奔跑时不稳或摔倒在地，有的双翅下垂，甚至倒地不起。

因出现这种情况，主要是长期饲喂缺乏维生素B_1的饲料，或者由于对饲料进行加热或碱处理，破坏了饲料中的维生素B_1，或者由于消化道疾病（如雏鸡白痢）致使维生素 B_1 吸收和合成能力降低等。解决方法：注意饲料搭配，多喂一些麸皮、米糠、青饲料，并防止对饲料进行加热及碱处理；还可在饲料中添加维生素 B_1 片，但以用维生素注射液肌内注射效果更好，用量为5～10 毫克，每天注射 1～2 次。

5. 鸡群出现“鬼剪毛”是怎么回事 鸡群出现“鬼剪毛”，是由一种寄生虫病引起的。这种病叫鸡羽管螨病，以剧痒、断毛、皮肤炎症为主要特征，此病每隔若干年便流行一次，发病率高达 80%～95%，不同品种、年龄、性别的鸡均可感染，但以成年母鸡较为严重。流行于火热干燥的夏秋季，但冬春季也零星出现。

得了羽管螨病的鸡，羽毛管腔内充满黄色粉末状物（正常的羽毛管是空而透亮的），将管腔剪开，取管腔内粉末于显微镜下观察，可同时看到成虫、幼虫、虫卵以及死亡的虫体残骸。由于鸡皮下组织中的神经、血管直接与羽毛根部相连，当虫体寄生于管腔之后，使鸡发生剧痒，表现为强烈不安，并频频用嘴去啄瘙痒部位的羽毛，用嘴夹着羽毛拼命向外扯，结果因羽毛难于拔出而被其锐利的嘴喙所铡断，严重者两翅膀上大羽毛全部被铡断，好似人为剪过一样。所以，群众称为“鬼剪毛”。部分病鸡翅膀发炎、肿大，局部温度增高，两翅下垂，全身被毛蓬松，两肢及胸两侧皮肤上有紫红色出血斑块。病鸡产肉、产蛋率明显下降，但很少死亡。鸡羽管螨病引起的断毛，断端略呈八字形，而被鸡虱咬断及机械性折断的羽毛断端呈 V 形，人为地剪断的羽毛端断很平整。

防治此病的措施是：用小号注射针吸入 2%敌百虫液，插入被感染的羽毛管的上脐孔内（上脐孔在羽毛的有毛无毛交界处），慢慢注入药液 0.1 毫升于管腔内，待虫体浸上药液后 1 分钟左右即死亡。如果有市售的含量为 0.5%的敌百虫 4 片，充分溶于100 毫升干净水中，可注射治疗 50 多只鸡。还可选用上述任意一种药液给鸡进行药浴（将鸡浸泡在药液内，头露出液面，浸泡

1 分钟）或沙浴（将药液拌入干泥沙中，任鸡自行沙浴），可防止病鸡再感染和预防感染。

四、提高蛋鸡生产性能的若干方法

1. 严把蛋鸡产前安全转群关　蛋鸡从育成期到产蛋期，一般要经过从育成舍转入产蛋舍的转群过程。转群鸡由于环境发生变化，生理和心理上都处于一种紧张状态，鸡的采食量减少、抵抗力下降。为使蛋鸡转群顺利，应注意以下 4 点。

（1）适时转群　蛋鸡转群的适宜时间，通常在鸡群开产前 2～3 周，即育成鸡 18 周龄左右进行。此时转群，鸡只有 2～3 周的时间适应新的生活环境，有利于产蛋。如果过早转群，将会影响鸡的生长发育，延缓开产；如果延迟转群，鸡只不能及时适应新环境，从而造成少产蛋或停止产蛋，同时产蛋高峰期的产蛋率也会下降。

（2）保持环境相对稳定　环境突变对鸡群影响很大，为使鸡在稳定环境中逐步过渡，转群前要调整新鸡舍温度，使其与原舍温度一致。转群后，开始要尽可能地保持原来的饲养、光照和管理制度，待鸡经过一段时间适应后，再逐步过渡到产蛋期饲养管理制度。

（3）减少应激反应　一是正在实行限制喂料的鸡群，在转舍前的 48 小时内停止限制喂料；二是转群前 2～3 天及转群后 1 周内，应在饲料中添加适量抗生素，以提高鸡的抵抗力；三是转群最好在夜间进行，抓鸡、放鸡动作要轻而快，避免鸡挣扎；四是分群时不要同时接种疫苗，以免加重应激反应。

（4）分群饲养　转群时应注意按体重大小分群，这样既可以避免以强欺弱的现象，又便于在管理上根据不同生长发育情况采取不同的措施。

2. 提高鸡群均匀度的重要性　提高鸡群饲养的均匀度，是提高产蛋率的基础和必备条件，是鸡群养殖水平的主要标志。鸡群的均匀度好，产蛋率就高，个体蛋重也均匀。鸡育成阶段最主要的目标是获得均匀度好、性成熟适时、发育良好的鸡群。

如果产蛋高峰期个体不均，说明营养储备不足，到达产蛋高峰时间会延迟，将影响群体产蛋高峰的形成。并在产蛋高峰后产蛋率迅速下降，鸡蛋偏轻，而且易感染疾病。所以，提高鸡群的整齐度十分重要。因此，必须做好以下几点。

（1）环境要优良　饲养环境要符合限喂要求，尤其是饲养密度、饮水器和食槽长度都应满足鸡能同时采食或饮水的需要。否则，强壮鸡霸道多吃，体重则越大；瘦弱鸡少吃，体重则越小，难以达到群体发育一致的要求。

（2）要封闭育雏　采用封闭式育雏，使鸡不发病或少发病。因为鸡群一旦感染疾病，轻则导致个体大小不一，重则死亡。因此，严格卫生防疫制度和实施科学的免疫程序，是提高鸡群整齐度的保证。

（3）密度要适宜　合理的饲养密度可使鸡生长迅速，减少疾病发生。不同周龄蛋用型雏鸡的饲养密度：1～2 周龄，立体笼养的每平方米 60 只，地面平养的每平方米 30 只；3～4 周龄，立体笼养的每平方米 40 只，地面平养的每平方米 25 只；5～6 周龄，立体笼养的每平方米 30 只，地面平养的每平方米 20 只；7～14 周龄，立体笼养的每平方米 20～24 只，地面平养的每平方米 12～18 只；15～20 周龄，立体笼养的每平方米 12～16 只，地面平养的每平方米 6～8 只。

（4）公、母要分饲　由于公、母鸡采食速度、料量及体形要求不同，公、母鸡应分开饲养。

（5）分群饲养　在限饲前，对所有鸡逐只称重，按体重大、中、小分群饲养，并在育成期的 6 周龄、12 周龄、16 周龄时对种鸡进行全群称重，按个体大小进行调整。对体弱和体重轻的鸡，不能一次加料过多，以免在短时间内体重达标而形成“小壮鸡”，影响生殖器官发育。

（6）布局均匀　按限饲要求提供的饲料量，要在短的时间内（最多应在 15 分钟内喂完饲料）给所有的鸡提供等量、分布均匀

的饲料。

（7）卫生与防疫 经常打扫鸡舍内及周围环境，及时清粪，定期消毒。依据本场的实际情况和本地区的自然条件，严格按程序接种疫苗，适当地进行预防性投药，定期驱虫，做到不乱用药。

3. 蛋鸡强制换羽，提高效益的诀窍 由于饲料价格持续上涨，恶性疾病广泛传播，严重制约了养鸡业更好地发展，广大蛋鸡饲养户感到鸡越来越难养，效益越来越低。那么在现有的情况下，怎样才能提高饲养蛋鸡的经济效益呢？实践证明，强制换羽不失为一种好方法，广大养鸡户不妨一试。

换羽是鸡的一种自然生理现象。自然换羽一般在产蛋 1 年左右时进行，从开始脱羽到新羽长齐一般需 3～4 个月的时间，换羽有早有迟，产蛋期也有先有后。人工强制换羽是指通过某种应激手段刺激后，强制母鸡迅速换羽并长出新羽，然后刺激母鸡产蛋的方法。

（1）化学法强制换羽的好处 一是时间短，与常规法换羽相比，时间可缩短 1～1.5 个月；二是若管理得好，基本无死亡现象；三是简便易行、节约开支，是养鸡户降低成本、提高经济效益的重要措施。

（2）限制喂料法 头 1 天水和料照常供应，第 2～3 天断水，第 3～4 天断料，第 5～50 天每百只蛋用型鸡每天喂料 2.7 千克，每百只肉蛋型鸡每天喂料 3.6 千克，直至产蛋率降至 1% 时再恢复充分喂饲。1～49 天每天光照 8 小时，50 天后恢复为 14～16 小时。

（3）限料不限水法 第 1～35 天正常喂料，第 36～45 天不喂料，第 46～60 天全部喂玉米料或大麦（量不变），61 天以上恢复喂给正常的配合饲料，并将光照从 1～60 天的 8 小时恢复到 14～16 小时。在此期间要保证供给充足的清洁饮水。

（4）喂氧化锌法 给蛋鸡饲喂过多或过少的矿物质与微量元素，会引起停产，例如，饲喂高浓度的锌可使蛋鸡停产。方法是：每年农历七八月份，天气仍炎热，蛋鸡群产蛋率严重下降时，2 天后于粉料中加入 2%的氧化锌喂鸡（每次给料宜少，因氧化锌的味道会使鸡厌食），这样喂饲 5～7 天，蛋鸡群全部停产换羽，这时可改喂正常的粉料，一般只需 10 天左右，鸡便开始恢复产蛋。全产期换羽过程不超过 1 个月，产蛋量就会迅速上升，而且蛋壳增厚、蛋重加大、蛋的质量提高。这种强制换羽的方法简便，安全可靠，对蛋鸡无不良影响。

（5）注意事项　①要选择健康无病的鸡进行强制换羽，病弱鸡、体重过小及换过羽的鸡一律不参加强制换羽。②换羽前 7 天给鸡驱虫，接种新城疫Ⅰ系疫苗。③强制换羽前任选 30～50 只鸡称重编号，之后每天对这 30～50 只鸡称重，控制体重下降，直至下降 30%为止，冬天不要超过 25%，鸡的死亡率不应超过 3%。④恢复喂料要逐渐增加，防止过食导致胀嗉及滞食。开始每只鸡每天给料 30 克，以后每天递增 10 克，直至自由采食。料中要加倍添加维生素。⑤强制换羽后的鸡产蛋率比头一个产蛋周期低 10%～20%，饲料转化率低 12%左右。强制换羽的效果随品种、季节、鸡龄、鸡舍环境等条件而异，必须综合分析各种影响因素，作出判断，灵活掌握。

4. 蛋鸡无产蛋高峰与应对措施　在蛋鸡生产中，经常出现蛋鸡不能进入产蛋高峰的现象，有的表现为产蛋期短，饲料报酬率很低，甚至出现亏损等问题，其原因是多方面的，饲养管理的细节工作没有做好是主要原因。

（1）饲养管理方面　鸡在开产前体成熟与性成熟不一致。在育雏期、育成期管理不善，没有使蛋鸡生长发育均匀。只有整齐健壮的、符合品种要求的育成鸡才能发挥较高的生产性能。在一般情况下，鸡群均匀度低于 80%，变异系数在 10%以上，平均体重低于标准下限，产蛋日龄相对偏早，产蛋率提升的时间很长，表现为产蛋高峰不高，高峰持续时间短，蛋重轻，死亡淘汰率高；鸡群均匀度低于 80%，变异系数在 10%以上，平均体重高于标准上限，产蛋日龄偏迟，全能耗料量增加，料蛋比高，经

济效益低下。

随季节和鸡的体质状况，应及时调整饲料中营养物质的含量，使鸡能够摄取足够的营养物质，鸡的体重达到或稍超过标准体重。一般情况下鸡的体重在12～15周时已基本稳定，在这之后，无论怎样补充营养，也难以改变，所以要每隔1～2周称一次体重，始终控制好鸡群的均匀度和个体增重。在冬季，还可以在饲料中添加2%～3%的脂肪，以弥补能量摄入的不足。

（2）通风不良，光照不合理

①鸡舍通风不良：二氧化碳、氨气、二氧化硫等有害气体浓度过大、温度过高而使鸡发生中暑，18周龄的育成鸡没及时增加光照也会使蛋鸡难达产蛋高峰。

做好鸡舍的通风工作，保证无刺鼻和熏眼的感觉。从18周龄开始，应根据鸡的需要人工补充光照。当产蛋鸡发生疾病，产蛋率下降后，若长时间不回升，还可考虑适当减少光照时间，当鸡的体质逐渐恢复后，随产蛋率的上升应逐渐增加光照，以保证鸡对光照的敏感性，有利于鸡的排卵。

②饲养密度太大：受资金、场地等因素的限制，或者养鸡户片面追求饲养规模，而使育雏、育成鸡的密度偏高。第1周的育雏密度一般是每平方米30只，而实际高1倍者比较普通，甚至高2～3倍，有的养鸡户从进鸡到转群上笼都不改变饲养密度，并且在早期不能按时分群，使鸡在6周龄时的体长、体重难以达标，直接影响育雏、育成鸡的质量。

③产蛋阶段光照不稳定或强度不够：实践证明，蛋鸡每天有14～15小时的光照就能满足产蛋高峰期的需求，由于考虑到其他影响因素，现在普遍采用16小时的光照制度。补光时一定要按时开关灯，否则就会扰乱蛋鸡对光刺激形成的反应。电灯应安装在离地面1.8～2米的高度，灯与灯之间的距离要一致，多采用40瓦灯泡，补充光照时间应逐渐延长，在进入高峰期时，光照要保持相对稳定，强度要适合。

④产蛋高峰期安排不合理：蛋鸡的产蛋高峰期在25～35周

龄，产蛋一般在90%以上，这一时期蛋鸡产蛋生理机能最旺盛，必须有效利用这一宝贵的时期。若是春季育雏，鸡群产蛋高峰期就在夏季，由于天气炎热，鸡采食量减少，多数鸡场防暑降温措施不得力，或者采取了一定的降温措施，但很难达到鸡产蛋时期最适宜的温度；再者是由于天气炎热，舍内使用湿帘降温，使舍内湿度增加，大肠杆菌大量生长繁殖，鸡群易患大肠杆菌病，也易导致蛋鸡难以达到产蛋高峰。

（3）鸡群均匀度差和未及时淘汰低产鸡，也是无产蛋高峰的重要原因，本书内这两个问题另有论述。

（4）饲料的质量问题　目前市场上销售的饲料多种多样，特别是由于生产地区、生产厂家批次的不同，其质量也参差不齐。有的厂家贪图便宜，没有按照蛋鸡不同生长阶段的营养需求进行饲料原料的合理搭配，造成营养供给忽高忽低。如应用高营养饲料，则会因能量过剩造成脂肪沉积，影响卵泡发育或形成脂肪肝，高蛋白还会导致肾脏疾病；而低营养水平的饲料不能满足蛋鸡正常的产蛋需要。营养供给忽高忽低还会给鸡造成较大的应激。如日粮中能量、蛋白质比例配合失调，蛋氨酸、胆碱、维生素 B_{12} 等不足，还会使鸡发生脂肪肝综合征。如饲料中维生素、矿物质含量不足，质量不高，可导致营养缺乏性疾病。或在饲料中掺假，使用霉败变质或未经脱毒的棉籽饼、菜籽饼等，都会直接影响蛋鸡的产蛋量。

饲养人员应严格按照鸡的饲养标准和不同生产阶段的营养要求，选择高质量的原料配合日粮，保证其能量、蛋白质、钙、磷、维生素等营养成分的合理搭配。此外，还要根据蛋鸡的不同情况灵活、及时地调整日粮。

（5）疾病防控问题　在产蛋期，许多疾病都会影响鸡群的产蛋率，特别是母源疾病、免疫抑制性疾病、非 SPF 疫苗的应用，使鸡处于疾病的亚临床状态；免疫程序混乱，生搬硬套书本上的或某公司、某研究机构的防疫程序；对于能够在实验室监测抗体的疾病，没有进行科学的免疫监测，鸡群整体存在参差不齐的现

象。传染病早期发病造成生殖系统意外性损害（如传染性支气管炎），使鸡群产蛋难以达到高峰。

5. 注意控制鸡产蛋期的多发病

（1）减蛋综合征　该病又称鸡产蛋下降综合征，是由腺病毒引起的一种鸡的病毒性传染病。病鸡无特征性的临床症状，通常表现为在产蛋高峰期产蛋率突然下跌20%～30%，甚至是50%以上；产无壳蛋、软壳蛋、薄壳蛋、脱色蛋等劣质蛋；蛋白质品质降低，蛋白呈水样混浊；蛋壳表面粗糙，颜色灰暗，蛋的破损率增加；种蛋受精率无异常，但孵化率下降，死胚增多。病程持续6～10周。

该病可采用中西医相结合的治疗方法，疗效好，疗程短，且经济方便。具体方法是每10千克饲料中加陈皮散40克、土霉素2.5克、骨粉生长素100克（陈皮散制法：陈皮、党参、黄芪、生地、黄柏、厚朴、益母草各等份，共研细末），用药3天后，鸡蛋质量便可开始好转，破蛋、软蛋骤减，产蛋率开始回升。一般用药10～14天产蛋率即可恢复正常。

（2）脱肛症　高产蛋鸡在产蛋旺季易发生脱肛。原因是下蛋过多、蛋过大或双黄蛋，下蛋时由于鸡用力过猛，或产蛋前后受惊、剧烈跳动而引起。此外，输卵管或肛门的慢性炎症、便秘等也可造成脱肛。脱肛后常引起水肿、发炎、溃烂，招致其他鸡啄食而造成死亡。

预防高产蛋鸡脱肛症，应在产蛋盛期多饲喂青绿饲料或补充足够的多种维生素，增加运动量，多晒太阳，下蛋时防止鸡群受惊。

本病可用中药治疗。服补中益气丸（人用），轻症的患鸡每天服1次，每次服15～20粒，连服3天；重症的日服2次，每次20粒，连用3～5天，疗效很好。

（3）产蛋困难综合征　本病多发生于初产蛋鸡，发病时间多在凌晨2时至当天下午2时，患病鸡发出“嘎嘎”的尖叫声，常引起鸡群惊恐不安。病鸡体温升高，两腿向后伸直，全身呈麻痹状态，呼吸困难，手触泄殖腔可摸到鸡蛋，若不及时助产排除，鸡很快死亡。排蛋后的病鸡，卧地不起，排出乳白状蛋清样稀便或白、绿、黄色黏稠稀便，产蛋量下降。

本病病因主要是育成鸡上笼过早，运动量不足，导致体质下降，被大肠杆菌侵袭而引发输卵管炎所致；其次是饲料中蛋白质含量过高及缺乏必需的维生素和微量元素而诱发本病。

防治方法一是上笼时间不宜过早。一般蛋鸡多在150日龄左右开产，上笼时间宜在开产前两周进行。二是饲料中的蛋白质含量不宜过高，产蛋前期粗蛋白含量为12%，但必须每只鸡添加鱼肝油1～2毫升。每100千克饲料中添加0.22克亚硒酸钠和10～25毫升维生素E。三是产蛋困难的母鸡可向泄殖腔注入植物油或石蜡油2～5毫升，然后用双手上下挤压将蛋排出。

（4）母鸡肥胖症　个别母鸡体内脂肪沉积过多，压迫了生殖器官，致使卵细胞和输卵巢发育受阻，不再下蛋。这样的鸡可在日粮中加入0.025的锌（以氧化锌的形式供给），连喂7～10天，然后在鸡的日粮中多喂青绿饲料，少喂精料，30～45天可恢复产蛋。

（5）蛋黄积滞症　又叫“鸡卵石”或“蛋鼓”，主要指母鸡输卵管里有一个硬异物，形如卵石，导致母鸡不下蛋。治疗此病要先将母鸡固定好，用右手食指和中指伸进母鸡肛门，如果探查到硬异物，那么此硬物就是“鼓蛋”（诊断亦用此法），慢慢将“鼓蛋”勾出来，用手术刀切开“鼓蛋”，把里面的卵黄结石剥离下来。然后在剥离面上撒些消炎粉，送还腹腔。手术后，每天早晚给鸡喂1/4片长效磺胺和维生素B_1，连喂3～5天，经15～20天鸡即恢复下蛋。

（6）卵黄腹腮炎　此病是由于母鸡产蛋期间受到猛烈惊吓，使卵黄落入腹腔所致。主要症状是母鸡经常蹲窝但不下蛋，可用中药钩藤（又名大黄藤）切碎研末，拌入等量的面粉中做丸，每天喂病鸡3次，每次喂给2克。也可喂给地龙（蚯蚓）或蜈蚣，每日3次，每次30克或1条蜈蚣，连喂5～7天，20天可恢复

产蛋，此病要及时治疗。

还有输卵管炎等，特别是卵巢腺癌或卵巢癌，目前没有药物治疗办法，这类鸡只好淘汰。

6. 蛋鸡的强制休产新举措　强制休产，即通过蛋鸡适时、完全、强制性的一时休产，以延长鸡的经济寿命。休产的损失，则可利用以后的集中产蛋来补偿。

（1）适时强制休产　初产后8～10个月的母鸡，尽管此时产蛋率还高达70%～80%，也要进行强制休产，否则会错过强制休产适宜期。根据鸡的孵化时间，一年四季均可强制休产。

（2）强制休产的准备　强制休产只限于在健康鸡群中实施。要认真进行疫病检查，淘汰病鸡、弱鸡等不良状态的鸡。没有按时接种疫苗的，强制休产前10天进行预防接种。强制休产前5天左右，缩短照明时间，无窗鸡舍照明限制在10小时，开放式鸡舍停止鸡舍照明。

（3）体重测定　强制休产前任选10只鸡，分别测定并记录体重，作上标记。休产后5天再次称重，以测定减重的状态。以后每隔2～3天测一次，直至鸡减重25%～30%为止。

（4）停食　初次称重开始停止喂料，一般不需要停水。如实行停水，应从停食后10小时进行，且不能超过3天。

（5）开始喂食　鸡只减重25%～30%时，终止停食，开始喂料。第1天，每只鸡喂给20克料，以后每天增加15～20克，7天后恢复正常。喂食开始后10天内，使用大雏鸡饲料，以后使用成鸡饲料。

（6）开始照明　从停食之时起至第25天，照明时间为15小时，恢复产蛋达50%，照明16小时，以后每周增加30分钟，直到17小时。

（7）加强管理　停食对鸡来说是一种强烈的刺激措施。因此，要加强管理，充分注意防止疫病的侵入；每天多次观察，注意有无异常；冬天采取防寒措施，夏天采取防暑对策，保护鸡只安全度过休产期，以延长蛋鸡的经济寿命。

7. 鸡蛋壳变白的主要原因与控制 常有养殖户发问："鸡蛋壳又变浅了，是饲料的毛病，还是鸡又闹什么病?"

这两种问法都对，但都不全面。鸡蛋壳变白原因归纳起来有6个方面：即季节原因、营养原因、病理原因、应激原因、光照原因、老龄化原因。无论是何种原因造成的蛋壳颜色变化，从根本上讲是鸡体内钙磷代谢被打乱所致。

(1) 季节性白蛋壳 因夏季持续高温，鸡体散热困难，为加速散热，鸡只大量饮水，加上采食量下降，造成营养流失和不足，影响蛋壳质量而产白壳蛋。秋冬之际，气温突降，鸡只一时不能适应，影响钙磷代谢，导致蛋壳颜色变浅。

(2) 营养性白蛋壳 鸡饲养中维生素、矿物质、钙磷补充不足，都可发生白蛋壳现象，最常见的在开产初期。通常母鸡每产一枚蛋所需钙质不得低于4.2克。蛋鸡于开产前两周就应开始补充钙质饲料。日粮中钙量以3%～3.5%为宜，高峰料含钙量可达4%，但不能超过此限。维生素D可促进小肠对钙的吸收、维生素C可增加甲状腺的活动。钙的代谢增加和钙由骨骼中分泌出来，致血浆中钙含量增高，从而提高蛋壳质量，改善色泽。

(3) 病理性白蛋壳 慢性新城疫、大肠杆菌病、减蛋综合征、巴氏杆菌病等都会明显使蛋壳颜色变淡发白，这类变化除一部分是因病原侵袭生殖系统外，主要是因鸡群患病，引起鸡消化功能紊乱而致钙、磷吸收受阻，造成蛋壳营养缺乏。在饲料中增加维生素A、维生素B、维生素E、维生素C和氨基酸，可明显改善蛋壳色泽。当然，首要的还是消除病因。

(4) 应激性白蛋壳 鸡转群、防疫、外界惊扰都会对鸡产生应激作用，造成产蛋下降，伴随色泽变浅。这类变化时间不会长，调整环境，在饮水中增补电解多维，白蛋壳现象会很快消失。

(5) 光照性白蛋壳 产蛋期的光照应是恒定的，光照不足或不稳定、不规律都会造成产白壳蛋。人工补光应保持稳定，配以科学的饲料营养，可保证优良的壳色与产蛋高峰。

（6）老龄性白蛋壳　因鸡龄老化、产蛋下降、蛋壳变化这类情况，增调营养性药物可见改善，但维持时间不长，应根据市场行情，及时淘汰这种鸡。

8. 夏初蛋鸡不产软壳蛋的妙招　春天阳光充足，温度适宜，是鸡在一年中产蛋量最大的季节，而且产的蛋个头大，质量好。但是，一进入夏天，有的鸡常产软壳蛋。出现这种情况的原因有两个：一是鸡经过整个春季的大量产蛋，除了利用现喂的饲料中的钙、磷营养物质外，还动用了身体骨骼中以前储存的大量钙质，满足不了蛋壳形成的需要量，从而产软壳蛋；二是随着气温升高和鸡因大量产蛋对营养物质的消耗，其体质明显下降，鸡的胃肠和机体对钙、磷矿物质饲料的消化吸收和利用能力大大减弱。虽其饲料中的骨粉、石粉、贝壳粉添加量不减少，但还是会产软壳蛋。那么，怎样才能解决夏初鸡产软壳蛋的问题呢？现给大家介绍一个非常有效的办法。

夏初必须在鸡饲料中添加足够的骨粉、石粉、贝壳粉等矿物质饲料（添加量可略高于规定量），并要对供给的骨粉等矿物质饲料进行特殊的加工调制。其方法是：把骨粉等放入锅内，加入适量（可占3%左右）食醋，加快翻炒后，再添加到饲料里拌均匀喂给。通过这样处理后，醋与骨粉中的钙起化学反应，生成较易溶解的醋酸钙。醋酸极易被鸡的胃肠和机体消化吸收、利用，其效果既快又显著。

9. 减少破蛋率及鲜蛋失重的措施

（1）减少破蛋率　破蛋率高是影响养鸡业经济效益的严重问题，必须采取相应的综合防治措施，才能获得良好的经济效益。

①满足钙、磷的需要：产蛋母鸡对钙的需要因产蛋率、鸡的年龄、气温、采食量和钙源不同而不同。产蛋鸡日粮中最佳含钙量是3.2%～3.5%，在高温或产蛋率高的情况下，含钙量可增加到3.6%～3.8%。由于蛋壳的质量随鸡的周龄和采食量不同而变化，所以应当相应地调节日粮中钙的水平。磷的供给也要满足，以0.45%为最佳，但切勿过量，否则会对蛋壳产生不良影

响。磷决定蛋壳的弹性，而钙决定蛋壳的脆性。

②满足维生素D的需要：维生素D能促进钙、磷代谢，有利于蛋壳形成和提高蛋壳质量。维生素D（特别是维生素D_3）缺乏会破坏钙的体内平衡，形成蛋壳有缺陷的蛋。

③满足锰的需要：锰对蛋壳的形成非常重要。缺锰会引起蛋壳外形与结构的明显变化，产蛋量显著减少，蛋壳变薄易破碎。正常情况下，每吨饲料含纯锰55克，可以满足各种鸡的需要，使蛋壳坚硬，并减少破损率。

④保持必需氨基酸的平衡：蛋氨酸能提高血清钙的含量，促进骨钙沉积，可提高产蛋量、蛋重和蛋壳质量，并降低破损率。

⑤添加碳酸氢钠：在炎热季节，鸡的呼吸加快，排除多余的体热，因此也使二氧化碳呼出过多，血液中碳酸盐减少。这就使蛋壳的主要成分——碳酸钙的来源得不到保证，蛋壳质量下降，破损率增加。因此，在日粮中添加0.5%的碳酸氢钠，有助于提高蛋壳质量和缓解热应激。

⑥按时投料：据研究，延误正常采食4小时，能使1天中所产蛋的蛋壳强度减弱，若延误24小时，蛋壳强度减弱长达3天。

⑦勤拾蛋：拾蛋不勤也是破蛋率高的一个原因。有人做了不同间隔时间拾蛋观察，发现1小时拾1次蛋，破蛋率为0.2%～0.3%，间隔2小时拾蛋1次，破蛋率上升到1.0%～1.5%；间隔4小时拾1次蛋，破蛋率高达2%～3%。

（2）减少鲜蛋失重　鲜蛋水分蒸发、重量减轻是看不见的损失。国外有报道，温度为10℃，相对湿度为80%的条件下，每个鸡蛋每天蒸发失重0.015克，为蛋重的0.025%。东北农业大学韩友文等人试验，鲜蛋在21～24℃、无水源及热源的室内（夏季）存放两周，红皮蛋减重1.27克，白皮蛋减重1.18克，分别失重1.35%和1.87%。夏季如存放时间过长，鸡蛋表面或内部还会有发霉的黑斑。

因此，食用鲜蛋应及时销售，以免造成不应有的损失。

10. 低产蛋鸡的鉴别与淘汰　提高养鸡生产的经济效益，合

理地淘汰低产母鸡很有必要。由于多种原因，鸡群开产 20 周后，一般都有少数低产蛋鸡减少产蛋，个别的停止产蛋，白白浪费人工和饲料，经济上不合算。应及早淘汰低产鸡，减少饲料浪费，便于饲养管理，集中精力，提高产蛋率，增加收入。对低产蛋鸡认真进行鉴别和淘汰，应从以下几方面入手。

（1）看精神　高产蛋鸡活泼好动，抗病能力强，觅食时争先恐后，食欲盛旺，羽毛清洁、光亮、干净。低产蛋鸡眼睛无神、呆立、觅食不积极，性情较为神经质、易惊吓，鸡冠苍白或萎缩。

（2）看鸡冠和肉垂　高产蛋鸡冠和肉垂丰满呈红色。细致温暖，用手触之有温热感。低产蛋鸡鸡冠和肉垂逐渐萎缩，颜色苍白、干燥，用手触之发凉，无光泽。鸡喙基本呈黄色的停产有十几天，鸡喙整个是黄色的，该鸡停产有 20 天。

（3）看泄殖腔　高产蛋鸡泄殖腔大，肛门湿润松弛、椭圆形，饮水饱满，上面被覆一层白色黏液。低产蛋鸡肛门紧缩有皱纹、泄殖腔较小、干燥呈黄色。

（4）看腹部　高产蛋鸡腹部增大、柔软、有弹力；低产蛋鸡腹部容积小，皮肤、羽毛粗糙。

（5）看耻骨　高产蛋鸡耻骨伸张柔软，开张有弹力，宽度 4～5 指，低产蛋鸡耻骨端坚硬，间距小，一般在 1～2 指，向内弯。

（6）看色素表现　高产蛋鸡的嘴、腿变为白色或粉色，黄色素被大量利用。低产蛋鸡的嘴、腿仍表现为黄色。

（7）看换羽情况　凡是高产蛋鸡换羽快，时间短，多在秋末冬初换羽，主翼羽的弱电刺激，可使第一、二或第三羽同时换掉，短时长出，有时还边换羽边产蛋，换羽时间 1～3 个月。低产蛋鸡换羽较慢，换羽时间开始得早，多在夏秋之间，整个换羽过程需 3～4 个月时间。

（8）听声音　高产蛋鸡翅膀紧缩，蹉伏笼内，显得特别温驯，并发出“咯咯”的叫声；触摸低产蛋鸡时，鸡惊恐不安，发现“叽叽”的叫声。

五、蛋鸡四季管理技术

1. 春季饲养管理是关键 春季是鸡产蛋旺季，在产蛋高峰期能够达到80%以上的产蛋率，可维持4个月左右。品质优良、饲养得法的鸡群有5周左右时间最高产蛋率占90%以上。产蛋高峰期越长，全年产蛋量最多。因此，要设法延长产蛋高峰期。

（1）调节湿度与通风 雏鸡舍要求相对湿度为55%～65%，1～3日龄鸡舍相对湿度为70%，4周龄后可降到50%左右。湿度不能过高，否则雏鸡会出现羽毛污秽零乱、食欲不振、体弱多病等情况，从而推迟性成熟，推迟开产。如果通风不良，空气中有害气体增多，湿度升高，含氧量降低，会使后备母鸡发育不良而推迟开产。

（2）光照控制与调整 后备母鸡一般在15周龄进入性成熟阶段，此期的自然光照逐渐缩短。光照时间短，到达性成熟的时间就长，因而15周龄后就应开始补充光照，以满足鸡性成熟的需要。一般15周龄后的光照时间维持在15周龄时的光照时数，但光照不能太强，以防鸡发生啄羽、啄趾、啄背等恶癖。初产蛋鸡的光照时间每日在13～17小时。

（3）及时换喂过渡料 一般给20周龄的鸡换喂蛋料也称为过渡料，料中钙为1%、粗蛋白质为16.5%。换料时，应用半个月的时间逐渐完成换料过程，切忌过急，以防鸡只腹泻。在产蛋率达到2%～5%时，饲料含钙应在3.4%～3.5%，含粗蛋白质应达到18%。

（4）控制初产体重 在换料补钙的同时，应抓好群体发育的均匀度，将大、中、小后备母鸡分群饲养，定期调群。切忌猛增料或猛减料，其效益在3周后方可表现出来，不宜操之过急。体重轻的鸡喂料量不要超过中大鸡，以免因脂肪沉积而影响性成熟。

（5）供足蛋白质 鸡每产一个蛋需蛋白质12～15克，产蛋

率达 90%的鸡必须喂给含粗蛋白 20%的日粮，产蛋率达 70%的鸡喂给含粗蛋白 17%的日粮。当预见产蛋率上升时，要提前一周喂给高蛋白水平的饲料，比如预计下周产蛋率将达 80%时，本周就要喂给含粗蛋白 18%的日粮，依次类推，料随产蛋率起，以促使产蛋高峰期迅速到来。当产蛋率开始下降时，不要急于调低蛋白水平，要维持一周以后再调低，以使产蛋率下降速度缓慢些。

（6）控制能量　日粮含能量高时鸡采食量低，蛋白质摄入量会出现不足，若能量太低则易造成浪费。因此必须注意稳定日粮中的能量含量。当产蛋率达 90%时，每千克饲料代谢能应在 11.29～11.70 兆焦/千克，以保证蛋白质的摄入量。

（7）增加青绿饲料　切碎的菜叶、胡萝卜、蕃瓜、苹果皮、香蕉皮等拌入饲料喂鸡，能满足鸡蛋对维生素 A 和胡萝卜素的需求，可有效地防止蛋鸡患维生素 A 缺乏症。饲料中还可以加入一定的维生素和微量元素添加剂，以平衡日粮养分。

（8）控制鸡舍温度　蛋鸡最适产蛋温度范围为 18～23℃。当外界温度低于 18℃时，用于维持需要的营养就要增多；当温度低于 13℃时，就会影响蛋鸡的生长发育和产蛋，因而鸡舍温度过低而又不及时增加饲料时，鸡就会因能量不足而推迟开产。夏、秋季高温时，蛋鸡采食量减少，如不及时增加日粮中蛋白质的比例，就会影响鸡生殖系统的发育而推迟开产。

（9）供足清洁饮水　饮水对初产母鸡十分重要，一般每只母鸡每天需饮水 100～200 毫升，因此，产蛋鸡每天最好采用流动水槽供水，每周还可供应 2～3 次淡盐水，以提高蛋鸡体质，增加采食量。

（10）巧用添加剂　饲喂小苏打可提高母鸡产蛋率和蛋壳强度，减少破蛋；适量添加蛋白精，可提高饲料转化率、产蛋性能和蛋壳质量；添加 0.15%胆碱，可维持产蛋率达 79%以上，蛋重平均可达 60 克。

2. 夏季保证产蛋不下降的措施　蛋鸡产蛋最适宜温度范围

是18～23℃。当舍温超过25℃时，每升高1℃，产蛋率下降1.5%，每个蛋重减轻1.5克。舍温达30℃以上时，会严重影响产蛋鸡的产蛋性能。实践证明，夏季采取以下措施，可防止产蛋鸡产蛋率下降。

（1）提高饲料中的营养水平　温度高时，鸡的采食量偏少，从饲料中吸取的各种营养素也就偏少，难以满足产蛋的营养需要。因此，要设法提高饲料中的营养水平，增加一些主要营养素的含量。要求饲料中粗蛋白含量要达到17%，钙为3%～3.5%，磷为0.7%，蛋氨酸0.3%，赖氨酸0.75%。按此标准饲喂可稳定产蛋率。

（2）增加鸡的采食量　所喂的饲料要求新鲜无霉变，饲料中可加入0.1%的碳酸钠，有条件的可投喂一些发芽的颗粒料，以增进鸡的食欲。饲料中可添加一些磨细的石膏粉或骨粉，或添加多维素，多饲喂一些青饲料等，都可提高鸡的采食量。此外，饲料供应要相对稳定，不宜频繁改变饲料品种。如必须改变，须逐步进行，否则会降低鸡的食欲。

（3）给予充足的饮水　产蛋鸡每摄入1克饲料，就需要2克左右的水，而且高温天气鸡体水分蒸发也随高温相应增加，一般30℃时蛋鸡的需水量比20℃时约提高1.2倍。因此，高温天气应多供给蛋鸡新鲜清洁的饮水，使母鸡经常保持饮水槽不断水，是稳定产蛋率的一个有效措施。

（4）改善管理手段　高温天气投喂饲料应以早晨和傍晚天气较凉爽时为主，有利于鸡只多采食。还要适当降低饲养密度，一般每平方米以不超过8只为宜，防止鸡只因争食、争水而啄斗。高温时可在鸡舍里安装电扇、排风扇，以加强通风透气。地面可洒一些水，以降低温度，但要注意湿度不能过大。有条件的地方，可在鸡舍顶上加一层遮阳物，如草帘、竹帘等。

（5）母鸡剪毛　通过剪毛，可直接给鸡体降温，同样可以增加鸡的采食量，一般可提高15%～25%的产蛋率。具体方法是：当气温超过30℃，可将鸡的胸腹部、背部、翅膀以及脖子上的

毛剪掉，但需留着尾巴和翅膀尖上的毛，以便扇风和驱赶蚊蝇。剪毛长度以不损伤皮肤和大毛细血管断面为宜。若要两次剪毛，即初夏轻剪、盛夏重剪的方法效果更佳。剪毛宜在夜间进行，剪毛时动作要灵活，速度要快。

（6）针对农村养鸡户　通常农村养鸡户都是利用晚上延长光照的方法来补充光照时间，这样对产蛋鸡来说，产蛋高峰时间大多在上午 10 点至 12 点之间，下午仍有相当一部分的蛋要产出。由于产蛋高峰期间鸡喜爱拥挤、打堆，在炎热的夏季里是极其不利的，鸡在产蛋时常因拥挤过热，再加上外界温度高，每产一个蛋都要消耗体内大量的能量，有时甚至会因过热，无力挣脱被挤压而闷死，严重影响鸡的产蛋率。

实践证明，通过补充光照的方法，将鸡的产蛋高峰时间提前到上午 7 点至 9 点，是度过炎夏的好办法。具体方法是：傍晚不进行补充光照，采用自然黑暗的方法，次日凌晨 2 至 4 点开始补充光照（具体开灯时间应根据鸡所需的光照时间结合傍晚实际天黑时间来确定）。需要注意的是，调节光照要采用晚上渐减、凌晨渐加，直至晚上不补充的方法进行，以便鸡只有一个适应过程。

通过调整光照，鸡在上午气温未上升前将大量的蛋产出，气温升高时，便可在凉爽处自由啄食、饮水，度过炎热的下午。

对笼养鸡，要细心观察其呼吸状态，眼角有无白色分泌物，鸡冠颜色有无改变，体温是否正常，肛门周围的羽毛有无污物等，发现异常病鸡，及时隔离治疗。

3. 秋季蛋鸡的饲养管理措施

（1）淘汰老弱、寡产鸡，重新组建鸡群　一般蛋鸡多数能利用 1～2 年。秋季将要淘汰的老弱、寡产母鸡挑出后分开饲养，在换羽之前按母鸡盛产期的饲养标准供给日粮，其饲料配方是：玉米 50%、高粱 5%、大麦 7%、豆饼 12.6%、糠麸 9%、鱼粉 8%、矿物质 5%、骨粉 2.5%、食盐 0.5%、微量元素添加剂 0.4%。光照可增加到 14 小时以上，使淘汰母鸡推迟换羽时间，延长产期。当母鸡开始换羽时，即可将这批淘汰母鸡及时出售。更新鸡群后，当年饲养的新鸡陆续开产，应再按新老母鸡对外开放分群。新鸡逐渐由产蛋前期的饲养管理过渡到产蛋盛期的饲养管理。

（2）人工控制饲养，促进同步换羽　在自然条件下，母鸡的换羽时间参差不齐。所以，必须采取控制饲养，以达到同步换羽，使母鸡恢复产蛋的时间达到一致，便于统一饲养管理。具体方法是：将光照由原来的 14 小时减少到 8 小时以下，停喂配合饲料 10 天，改喂蛋壳粉、秸秆粉等粗饲料，饮水仍然照常供应，并在日粮中加入 1%～1.5%的硫酸钙（生石膏）代替矿物质饲料，经 5～8 天即有大批蛋鸡相继换羽。10 天后改喂谷粒、高粱等颗粒饲料，每只鸡每天加喂 50～100 克青菜或南瓜，3 周后逐渐恢复配合饲料及人工光照。一般 3 周后鸡的新羽毛逐渐长齐，经 7～8 周时，鸡群即开始产蛋，少数母鸡（体弱者）会因人工控制饲养而死亡。死亡率为 1%～3%。

（3）搞好防疫注射，作好越冬准备　蛋鸡在秋季要结合秋防给鸡注射鸡新城疫Ⅱ系疫苗、禽霍乱疫苗各一次，预防鸡瘟和鸡霍乱病。秋季还要用药驱虫，可按每千克体重 0.15 克给鸡灌服驱虫灵，也可将药研成细末拌入饲料中于晚间一次喂服。鸡服药后的 5～7 天内应彻底清除鸡粪，并用消毒剂消毒。为了鸡群顺利越冬，需增加饲料以增膘，秋末冬初应修好鸡舍，以保证鸡群安全越冬。这个时期产蛋鸡最适宜温度范围应保持在 10～23℃。

4. 冬季蛋鸡高产稳产技术　冬季气候寒冷，日照时间短，通常情况下蛋鸡产蛋率下降，甚至停产。为使蛋鸡冬季高产稳产，在饲养管理方面需采取以下措施。

（1）适时调整配合日粮　冬季气温低，为抵御寒冷蛋鸡采食量增大，因此在日粮配制上，要适当增加能量饲料，降低蛋白质饲料的比例。一般要求冬季配合日粮中蛋白质含量为 16%～17%，代谢能 11.50 兆焦/千克，钙 2.8%～3.2%，同时要满足鸡对各种维生素和矿物质的需要，以日喂 3～4 次为宜，笼养鸡

注意补给砂子。

（2）及时整顿鸡群　母鸡产蛋能力随龄期的增长，每年大约递减15%，从经济效益上考虑，产蛋鸡利用的年限大多数以1～2年龄合算。因此，为便于饲养管理，保持较高的生产水平，对于当年饲养的蛋鸡，在开产前要将同群鸡中瘦弱患病、生长发育不良及有恶癖的挑出饲养或淘汰。对完成一个产蛋年继续利用的鸡，在整顿时应对提前换羽的低产母鸡进行淘汰，只保留健康高产蛋鸡，并实行人工强制换羽。

（3）加强保温防寒措施　蛋鸡产蛋最适宜温度范围为18～23℃，当温度降到13℃以下时，产蛋量明显下降。因此，冬季笼养鸡舍最好坐北朝南，并根据情况，用火炉、火墙、暖棚等形式提高鸡舍内温度。地面散养蛋鸡，可通过增加饲养密度或暖棚来提高温度，饲养密度每平方米可增加到6～8只。鸡舍内地面保持干燥清洁，鸡舍封闭要严，防止贼风侵入，并注意通风换气，保持舍内空气新鲜，舍内相对湿度以65%为宜。也可采用厚垫料养鸡，先把地面清扫干净，消毒后撒上一层草本灰，然后每平方米铺1千克（约3厘米）的垫草，以后每天增加部分清洁干草，待入春气温升高时将垫草一次清除。

（4）饲养春雏　冬季是蛋鸡生产的相对淡季，保持冬季蛋鸡高产稳产，可获得良好的经济效益。蛋鸡一般生长到20周龄左右开产，28～35周龄进入产蛋高峰期，按此推算，一般需在阳历5～6月份（即农历4～5月份）进行育雏，此时正值春暖花开时节，不单可降低育雏成本，还有利于防疫，提高育雏成活率。

（5）补充光照　产蛋鸡开产后，光照时间需保持在14～16小时，直至产蛋结束，冬季自然光照时间短，因而必须进行人工补充光照，使光照时间达到每天14～16小时，对将要淘汰的蛋鸡，为获取最大的经济效益，每日光照时间可延长至18小时。

（6）搞好防疫卫生工作　一是做好免疫接种和驱虫工作，产蛋鸡在18周龄时进行新城疫Ⅰ系弱毒疫苗、禽霍乱氢氧化铝菌苗、鸡痘疫苗等的接种和左旋咪唑驱虫。二是搞好环境卫生，防止老鼠及闲杂人等进入鸡舍，以免带入疾病。同时根据实际情况定期或不定期进行预防性投药。三是注意观察鸡群健康状况，发现异常，查明原因，及时采取相应措施。

（7）避免应激因素的影响　蛋鸡在产蛋期间对外界环境变化较为敏感，一旦受到搬迁、饲料突变、通风不良、光照不足、疫苗接种、惊吓等外界各种应激因素的影响，都会产生应激反应，引起生理机能的改变，导致产蛋量下降或停产。因此应尽量减少或避免各种应激因素的影响，管理人员进出鸡舍要有次序、有规律，一切操作动作要轻巧，特别是防止粗暴喧哗引起鸡群惊慌，保持环境相对安静稳定。

六、饲养方式与饲料成分对鸡蛋质量的影响

目前市场上销售的鸡蛋，消费者叫“洋鸡蛋”或者称为“饲料蛋”。为什么出现这种称呼，因广大消费者认为现在养鸡的品种都从国外引进的，高产不好吃，认为现在蛋鸡应用了全价饲料，这些饲料使用了化学类添加剂，有些化学添加剂在鸡蛋里出现了有害残留超标，不但口感差，还有损人的身体健康。其实这种说法有一定道理，但不够全面，所谓“洋鸡蛋”风味不佳的原因是多方面的。主要原因一是与鸡的品种有一定关系（遗传因素）；二是管理上的饲养方式也存在一定问题；三是与饲料营养成分的关系。

这几年国内外专家不断研究和试验，这种不良现象正在不断改进。

（一）饲养方式上存在的问题

（1）饲养方式的变革，实行笼养，使鸡画地为牢。我国养鸡业是学习外国的先进经验，全国养鸡90%以上实行笼养，这种养殖方式优点很多，为推动我国养鸡业大发展起到了积极作用。但是，也确实存在很多问题不可回避。这种笼养鸡方式使鸡长期被控制在窄小的生活区域内，缺乏运动，这种枯燥的生活环境，

使鸡自由选择营养需求被终止，自由活动被废弃，优越的自然环境被隔绝，加之营养上的问题，出现了较多异食癖，大多数鸡长期被画地为牢，活动量小，使鸡的骨骼变得十分脆弱，极易发生产蛋疲劳症；除此之外，很多传染病容易暴发。对鸡生态平衡的破坏，很难生产出高品质的鸡蛋。

（2）鸡的生理习性受到严格限制，抗应激能力降低。鸡缺乏汗腺，在炎热的夏天，体内散热全靠张口呼吸和两膀展翅解决，在笼子里转身都困难，鸡自由梳理羽毛的习性也被限制，笼内没有泥沙和砂砾可供鸡擦痒；始终站在冰冷的铁笼网上，没有休息之地，更没有鸡窝供鸡产蛋，处于无奈的环境中勉强生存，身心受到严重的伤害，正常的生理机能紊乱，生活习性的破坏，自然不会生产出鲜活产品。

（3）鸡生态环境的恶化，鸡喜欢吃的活性饲料吃不到。笼养鸡饲养密度大，鸡舍内冬季气温低，夏季气温高，高低温度时常失控，空气混浊，有氧气体和有害微生物容量增高，不但影响鸡体健康，还影响鸡的生产性能的发挥，死淘率增多。鸡自由择食的机会也没有了，鸡最喜欢的昆虫、草籽、腐叶土、草叶等活性饲料吃不到，让鸡蛋保持原始风味是不可能的。

（4）笼养蛋鸡质量差，价格低，也不受消费者欢迎。我国对笼养鸡虽然没有向国外那样限制，虽然“洋鸡蛋”销量差，但还没有人拒绝购买笼养鸡蛋。目前全国各地“洋鸡蛋”价格低于散养鸡蛋2～3倍多，散养鸡蛋价格高，市场销售旺盛，这是我国人民生活水平的提高和环保意识增强的具体表现，只有绿色食品才受到广大消费者的青睐。

（5）国外引进蛋鸡品种，产蛋大，不适合中国人的口味。世界养鸡先进国家在20世纪90年代早期，在人们需要绿色食品和对动物实施福利养殖提到重要日程的新要求时，他们充分认识到笼养鸡利小弊大。1994年之前荷兰、瑞士提出了禁止产蛋鸡笼养，鼓励新的养殖方式的开发与研究；欧盟1996年6月发布保护蛋鸡最低标准新指令，从2002年起要求采用丰富型笼养鸡，从2003年禁止新建笼养鸡舍，德国要求2005年年底禁止使用笼养鸡方式，美国笼养鸡高达90%以上，也在寻找蛋鸡新的养殖模式。

现在世界各国对笼养鸡的养殖方式逐步禁止和取消，在寻找新的完善养殖模式，在我国取消笼养鸡还不现实，采用替代笼养鸡生产方式，生产成本大大增加，还包括土地、资金、垫料等各方面条件，影响农民收入，目前全国各地散养土杂鸡正在不断扩大，也是对笼养鸡方式的否定，积极寻求新的养鸡方式的具体表现。

（二）饲料成分对鸡蛋质量的影响

实施笼养鸡之前，世界各国养禽专家、学者为适应笼养鸡生产需要，他们付出了千辛万苦，经反复研究试验，终于研制成功供给鸡的全价饲料配方。在生产实践中是比较成熟的，并对笼养鸡的营养需求基本取得了成功。这些配方都是理论计算上的成功，实施之后，各国、各地的饲料资源不同，营养水平不可能完全一致，维生素、矿物质、微量元素按理论计算是合格的，鸡每个阶段所需蛋白质、能量、碳水化合物，维生素、微量元素需要，每个品种都必须达到100%。在生产实践中真正达到了没有分毫差错也是有一定困难的。请看以下事实：

（1）饲料中的某些营养缺失和不足，导致蛋黄颜色不鲜艳。鸡蛋蛋黄橙黄色证明营养成分充足，对鸡蛋的销售起着重要作用。消费者偏爱的蛋黄颜色介于金黄色和橙黄色之间。同肉鸡皮肤着色一样，蛋黄着色取决于饲粮中的氧化型类胡萝卜素在蛋黄中的沉积。

日粮中黄玉米和玉米蛋白粉中的天然胡萝卜素等，按饲料配方设计，完全可以满足鸡的需要。但是，在生产实践中，一是这些营养成分稳定性很差，很容易发生分解而不易控制；二是饲料在贮存中条件不佳，从厂家运到市县，从市县运到乡镇，再到养殖户，这么反复搬运，自然环境很难控制，有时遇到风吹雨淋，很容易造成某些成分挥发或霉变；三是富含叶黄素的松针粉和苜

蓿粉等鸡又吃不到；四是有时钙的含量过高，也影响色素的沉积；五是鸡患有某些疾病也影响这些营养物质在蛋黄中的吸收。所以蛋黄中的脂肪酸、维生素、胡萝卜素很难在全价饲料中得到满足，从而导致蛋黄颜色差。蛋黄中的胡萝卜素等营养物质又是人体迫切需求的——号称“小人参”。解决蛋黄质量的方法很多，一是添加天然和人工合成色素提取物；二是使用富含叶黄素的松针粉和苜蓿粉等；三是发现某些不足，要及时补充。

（2）胆固醇含量过高的后果　膳食中高胆固醇的食品会引起人动脉粥样硬化和导致脑病和心脏病、高血压等。鸡蛋蛋黄因含有较高的胆固醇，因此，近 30 年来鸡蛋消费在发达国家呈下降趋势。通过饲料改变来降低胆固醇含量存在一定难度，但也有些进展。试验表明，高铜饲粮可显著降低脂肪酸合成酶、7α-胆固醇的活性，每千克饲料添加铜离子 125 毫克，蛋黄胆固醇从每克 11.7 毫克下降至每克 8.6 毫克，降低了 26%；每千克饲料添加铜离子 250 毫克，则蛋黄胆固醇进一步下降到每克 7.9 毫克。此外，增加饲料或添加 β-环糊精、壳聚糖、大蒜素、有机铬等均可在一定程度上降低蛋黄胆固醇含量。

（3）饲料中应用大量菜籽粕，影响鸡蛋质量　产蛋鸡饲料为了提高粗蛋白质含量应使用大豆粕，而我国南方盛产油菜，经过榨油后菜籽粕的价格便宜，又是大豆粕的替代品，各种畜禽广泛应用。

产蛋鸡摄入大量菜籽粕后，芥子碱的代谢产物三甲胺在蛋黄中沉积，含量每克在 1 微克以上时即可使鸡蛋产生明显的鱼腥味。该效应对白壳蛋鸡肝、肾中有三甲胺氧化酶的，可除去腥味，但褐壳蛋鸡体内缺乏这种酶，三甲胺可直接进入蛋黄从而产生腥味蛋。鱼粉用量过多也会导致腥味蛋。饲料中辣椒粉用量达到 0.4%～1.0%时，蛋黄可能产生轻微的苦涩味。因此，经过脱毒的菜籽粕在鸡饲料中不得超过 7%。

（4）饲料中某些维生素不足，常出现“血斑蛋”　鸡蛋的质量主要体现在蛋黄、蛋清两个部分，但体现在蛋黄上的质量问题较多。

血斑是卵泡释放时小血管破裂出血而沉积在蛋黄表面的血块。血块可能很小，也可能很大，足以引起整个蛋黄变色。血斑对蛋的营养价值没有影响，但消费者会讨厌这种鸡蛋。影响血斑形成的主要原因是维生素的缺乏，其中维生素 A 缺乏常常导致鸡蛋血斑出现率显著增加，维生素 K 缺乏可减少血斑的出现，这可能是由于在排卵时释放出的血液扩散到整个蛋而不凝结成小血块，因此维生素 K 的拮抗物也可减少血斑，产蛋鸡饲粮中苜蓿水平过高也会增加血斑的出现率。

松针粉和苜蓿粉可提高三黄鸡皮肤颜色和蛋黄色素的合成所必需的叶黄素，可有效改进三黄鸡皮肤颜色，也可以使鸡蛋黄橙色鲜艳诱人。

（5）大量使用棉籽粕，出现“海绵蛋” 我国南方、西藏盛产棉花，棉花籽榨油后，棉籽粕蛋白质含量较高，价格便宜，是大豆粕的替代品，但棉酚可与蛋黄 Fe^{2+} 结合形成复合物，使蛋黄色泽降低，在储藏一段时间后，蛋黄变为绿色或暗红色，甚至出现斑点；据了解，饲粮中含游离分子棉酚 50 毫克/千克时，蛋黄即会变色；此外，环丙烯脂肪酸能抑制肝微粒体中的脂肪酸脱氢酶，减少鸡蛋蛋黄脂肪的不饱和脂肪酸含量，鸡蛋储存后蛋清会呈桃红色，蛋黄变硬，鸡蛋加热后形成像海绵似的“海绵蛋”。所以，在鸡的日粮中加棉籽粕时，经过脱毒后，最多不能超过 7%。

综上所述，大量事实证明，鸡蛋的质量和风味受饲料影响很大，并且这些问题的出现，是广大消费者不愿买“洋鸡蛋”的主要原因。

20 世纪 70 年代，日本研制成功了高碘蛋。正常鸡蛋蛋黄每百克含碘 0.5 毫克，每百克高碘蛋蛋黄碘含量在 2.1～5.8 毫克。受高碘蛋的启示，人们认识到利用鸡体的生物转化功能，可将人体不易吸收利用的一些微量元素浓缩到鸡蛋中，以增加鸡蛋的附加价值，为此拓宽了鸡蛋的新用途和市场。目前研制可供生产的

微量元素强化鸡蛋主要有：高碘蛋、高硒蛋、高锌蛋、高铁蛋等。

这些提高附加值的鸡蛋畅销全世界，而主要是靠调整饲料的成分取得的，也进一步证明饲料营养成分是影响鸡蛋品质的重要因素。

（三）土杂鸡散养存在一定优势

由于饲养蛋鸡时上述问题的出现，虽然引进国外的饲养方式和优良蛋鸡品种可显著提高生产效率，经济效益较好，也充分显示出一定优势，但是它们的致命弱点是质量差，广大消费者不喜欢，鸡蛋销售量越来越低。近几年，随着人们生活水平的提高，环保意识的不断增强，绿色食品备受广大消费者的青睐，所以，人们对土杂鸡和鸡蛋的原始风味十分向往。尽管价格高出“洋鸡蛋”2～3 倍多，但在市场上十分畅销，现在土杂鸡蛋和鸡肉大有供不应求之势。

我国的土杂鸡产蛋小、产量低、个体小、耗料高、饲养期长。每年最高产蛋只有 200 个，只有引进优良蛋鸡产量的 2/3，而且人们大多数都认为散养鸡符合回归原始自然的生长特性，鸡的活动量大，生长环境优越，空气新鲜，按照它们的自身需求，寻找它们生长发育所需物质，大有回归自然的感觉。所以，土杂鸡营养成分来自天然，所需齐全，虽然产蛋数量少，但质量好，深受广大消费者的喜爱，市场销售流畅，价格高也有人买，且大有供不应求的趋势。

土杂鸡优势大，发展前途光明。存在问题主要是尚未形成专业化生产，群体混杂，整齐度差，规模较小，商品化生产程度很低。所以，鸡的生产规模化还落后于经过强度育种的现代化高产鸡群的发展。这些问题也给发展散养土杂鸡提出了需要改进的方向。

七、产蛋鸡慎用的几类西药

1. 磺胺类药物　是人工合成的抗生药物。它对畜禽细菌性感染的疾病和一些原虫病有很好的防治作用。其作用机理在于阻止细菌的生长繁殖，切断细菌的内酶系统，造成细菌的营养供应受阻而衰竭死亡。

有些养殖户对磺胺类药物缺乏认识，常因滥用而引起中毒。产蛋鸡如果使用了上述药物，通过与碳酸酐酶结合，使其降低活性，从而使碳酸盐的形成和分泌减少，使鸡产软壳蛋和薄壳蛋。因此，这类药只能用于雏鸡和青年鸡，对产蛋鸡应禁用。此外，含有磺胺类成分的药物会抑制产蛋，故应慎用于产蛋鸡，蔡戈曾在料中投用0.4%的磺胺二甲嘧啶，对种鸡群的采食量、产蛋率和蛋的品质都有不同程度的影响。喂药料当天，鸡群的产蛋率已有所下降，第5天更为明显，第7天降至最低点，仅是原产蛋率的64.8%，第8天开始回升，于第13天恢复到用药前的产蛋水平。

2. 四环素类　是广谱抗生素，常见的主要的金霉素，主要呈现抑菌作用，高浓度有杀菌作用，除对革兰氏阳性和阴性菌有抑制作用外，还对支原体、各种立克次体、钩端螺旋体和某些原虫也有抑制作用，如对鸡白痢、鸡伤寒、鸡霍乱和滑膜炎支原体有良好疗效。但它的不良反应也较大，不仅对消化道有刺激作用，损坏肝脏，而且能与鸡消化道中的钙离子、镁离子等金属离子结合形成络合物而妨碍钙的吸收。同时金霉素不能与血浆中的钙离子结合，形成难溶的钙盐并排出体外，从而使鸡体缺钙，因而阻碍了蛋壳的形成，导致鸡产软壳蛋，蛋的品质差，也使鸡的产蛋率下降。

3. 氨茶碱类　氨茶碱又称茶碱乙烯双胺，系嘌呤类药物，该药物具有松弛平滑肌的作用，可解除支气管平滑肌痉挛而产生平喘作用，常用于缓解家禽呼吸道传染病引起的呼吸困难，产蛋鸡应用该药会引起产蛋率下降，但停药后可恢复，一般不用为好。

4. 氨基糖苷类抗生素　主要有链霉氨基糖苷类抗生素等，应用比较普遍。但是产蛋鸡在使用这些药物后，从产蛋率上看有

明显下降，尤其是在链霉素停药后，产蛋率回升较慢，对产蛋性能有影响。

预防用药时，所选药物的种类、用药量、配伍等存在问题。如育成鸡滥用抗菌药物，造成发育停滞；给产蛋鸡使用磺胺类、呋喃类等药物，不但使鸡没有产蛋高峰，还会导致其中毒。

所以，不能长期连续使用磺胺类、呋喃类、链霉素、抗菌增效剂、病毒灵等药物，鸡群发病后，要先确诊，在技术人员的指导下治疗，切忌滥用抗生素。在鸡病治疗上尽量多用中草药，有利于提高鸡的质量，增强其抗病能力，保持产蛋高峰稳定。

八、保健蛋及其生产标准

1. 目前开发的16种保健蛋　包括高锌蛋、高碘蛋、微量元素蛋、低胆固醇蛋、硒蛋、鱼油蛋、草药蛋、辣椒蛋、粗米黑醋蛋、亚麻油酸蛋、EM蛋、绿茶蛋、桑叶蛋、红花油蛋、磁化蛋和薄荷蛋。

2. 生产保健蛋的饲料配合要点　生产保健蛋的核心物质是添加剂。众多研究表明，许多添加剂很不稳定，对水、热、光、重金属离子、酸碱物质和气体的氧化还原作用的影响非常敏感。因此，要合理配制和正确使用饲料添加剂，以下几点尤为重要。

（1）注意协同作用　例如，微量元素铜和铁有协同效应。因为铜虽不是血红蛋白的组成成分，但在血红蛋白的合成过程中起着催化作用，含铜血浆蛋白能促进肝脏释放铁，铁经转铁蛋白送入正在形成的血液红色细胞中，供合成血红蛋白用。在铜缺乏时，生物合成机制中的铁就不可能进入血红蛋白分子，使其合成受阻。已知有协同作用的物质还有微量元素钴与维生素 B_{12}、锌与B族维生素、维生素C与维生素D等。

（2）注意颉颃作用　例如，微量元素镁与磷、铁与磷皆有颉颉作用，若用镁过多或用铁过多，都会妨碍机体对磷的吸收和利用，所以在用硫酸亚铁或硫酸锌作添加剂时，都应考虑到对骨粉或磷酸氢钙添加剂的不利影响。已知有颉颃作用的物质还有微量元素锌与钙，维生素 A、维生素 E、维生素 B_{12} 与三氧化铁等，胆碱与空气及维生素 C、维生素 B_1、维生素 B_2、维生素 K_1、维生素 K_2 等。

（3）注意针对性　要在充分掌握本地饲料的微量成分基础上，确定目标产品，不要面面俱到。

（4）注意质量　添加剂的原材料较多，质量有优劣之分，用前要对其中的有效含量进行检测。

（5）注意混合均匀度　添加微量成分，必须用逐次稀释法，多次掺拌混合，均匀度是最重要的。同时，要对载体或稀释剂的稳定性、溶解性、吸湿性、静电荷等进行特殊检查，有些要进行预处理，这是提高均匀度的前提。

3. 产品质量的最新检测方法　快速确定产品质量优劣或有无药物残留是评价绿色食品的一大难题。最近，日本名古屋市的医学综合研究所使用检查人体健康水平的仪器 LFT（Life Field Tester，测定结果以下简称波导值），对采用鸡用磁化水、EM 生物饲料、食用醋或抗生素后的蛋、肉等产品的肾、心、肝、肺、肠、癌、综合、甲状腺、高血压、免疫机能、变态反应等 11 项指标进行了检测研究，具有实践指导意义。例如，粗米黑醋的波导值范围在＋6～＋12，平均值是＋8.8，添加醋生产的蛋的波导值范围在＋6～＋9，平均值是＋6.0。在给鸡使用抗生素 5 天后，测定鸡蛋的肝脏波导值是－0.8，用药前的蛋是＋5.38，质量提高了近 15 倍。另外，对进入超市的蛋，要求 11 项波导值必须在＋值以上，其中免疫机能等项目要求在＋10 以上，蛋黄色度要求在 9 以上，蛋壳强度每平方厘米达到 3.0 千克，品质要求越来越高。目前，科研人员正在对更多的畜禽产品进行检测研究，不久这一快速准确评价畜禽产品质量的检测设备将投入使用。

4. 保健蛋的营养标准与使用说明　生产、销售保健蛋要符合食品卫生法和营养标准。作为上市产品，要求注明7个方面的内容：①名称；②作用；③营养含量（包括能量含量）；④日用量；⑤使用方法和注意事项；⑥保健成分的日需要量；⑦保管方法。有关保健蛋的营养限定标准和营养作用的表述内容见表6-1至表6-4。

表6-1　保健蛋的微量元素标准　　单位：毫克

项目	钙	铁
上限	600	10
下限	250	4

表6-2　保健蛋含维生素的标准

项目	烟酸	泛酸	生物素	A	B_1	B_2
上限	15毫克	30毫克	500微克	600微克（2000国际单位）	25毫克	12毫克
下限	5毫克	2毫克	10微克	180微克（600国际单位）	0.3毫克	0.4毫克
项目	B_6	B_{12}	C	D	E	叶酸
上限	10毫克	60毫克	100毫克	5.0微克（200国际单位）	150毫克	200微克
下限	0.5毫克	0.8毫克	35毫克	0.9微克（35国际单位）	3毫克	70微克

表6-3　保健蛋含微量元素和维生素的营养作用表述

名称	营养作用表述
钙	是构成骨和牙齿必需的营养
铁	是生成红细胞必需的营养
烟酸	有助于维护上皮细胞和黏膜健康的营养
泛酸	有助于维护上皮细胞和黏膜健康的营养
生物素	有助于维护上皮细胞和黏膜健康的营养

（续）

名称	营养作用表述
维生素 A	有助于保护视力、维护上皮细胞和黏膜健康的营养
维生素 B_1	有助于分解碳水化合物的能量、维护上皮细胞和黏膜健康的营养
维生素 B_2	有助于维护上皮细胞和黏膜健康营养
维生素 B_6	有助于分解蛋白质的能量，维护上皮细胞和黏膜健康的营养
维生素 B_{12}	有助于生成红细胞的营养
维生素 C	有助于维护上皮细胞和黏膜健康、具有抗氧化功能的营养
维生素 D	能促进肠道吸收钙，有助于合成骨的营养
维生素 E	有助于保护体脂氧化、维护细胞健康的营养
叶酸	有助于形成红细胞和保证胎儿正常发育的营养

总之，要生产出质量上乘、深受用户欢迎的产品，必须走规范化生产、高技术检测、标准化上市的发展路子。

表 6-4　食用高维生素和高微量元素保健蛋的注意事项

名　称	食用保健蛋注意事项
维生素 A	请遵守标准用量，特别是妊娠 3 个月或即将怀孕的妇女不要过量食用，因为超量进食既不能治愈疾病又对健康无益
叶酸	请遵守标准用量，虽然本品含有胎儿发育所需要的营养，但是，多食对胎儿无益，对治愈疾病和健康也没有好处
钙、铁和其他	请遵守标准用量，因为超量进食既不能治愈疾病又对身体无益

九、生产保健蛋，提高鸡蛋价值

（一）鸡的各种药疗蛋，发展前途大好

近十多年来，国内与国外一些科学家通过改变饲料成分的办法，使鸡下高碘蛋、高锌蛋、高硒蛋、微量元素蛋、低胆固醇蛋

等，它们有较高的营养保健和治病的价值，并且没有常规药物的不良反应，在国际保健品市场上很有影响。在美国等一些发达国家，每年这种药疗蛋或“疗效鸡蛋”产销额就达3.6亿美元。但在我国市场上刚刚出现，我们相信随着科学技术的不断进步，鸡蛋不再是普通食品，因此“药疗蛋”也将风靡我国。

“药疗蛋”作为一种功能性新一代食疗保健品，在我国应用于人类的保健和医疗还正方兴未艾，作为鸡蛋家族一个新成员还没有大展宏图。

为了使“药疗蛋”被越来越多的人食用，为儿童保健、人民健康事业服务，我国的畜牧科研工作者已研制出了一套新的高锌鸡蛋生产技术，应用该技术不仅能生产出含量较高、较稳定的多锌鸡蛋，而且不会使产蛋鸡的产蛋率下降，蛋料比还会有所提高，同时方法简便、成本低廉，只需在饲料中添加一定比例的特殊饲料添加剂即可。生产高效药疗鸡蛋技术将为养鸡者带来显著的经济效益。有远见的饲养者应抓住机遇，及早开发，前途无限。

（二）神丹公司的“药疗蛋”畅销国内外市场

20世纪末，发达国家的营养学家率先运用生物转化技术，将人身体所需的营养物质通过饲料沉积到鸡蛋中，人们吃鸡蛋就可以补充身体所需的重要营养，有利于保证身体健康，这样的蛋品被称为“健康蛋”或“药疗蛋”。如今这种鸡蛋已风行世界各国，成为21世纪的“时尚食品”。

湖北神丹公司致力于“药疗蛋”的开发与研制，聘请国内外专家攻关，成功地将碘等营养物质沉积到蛋中，使碘等人必需的微量元素由无机态转化为有机态，营养吸收利用率更高、更安全。此项技术已获得国家发明专利，发明专利号：ZL941.02099.1。

根据中国国情，神丹公司创新地提出“健康蛋”五条标准：一是家禽生长环境无污染；二是绿色饲料喂养；三是无铅工艺制作；四是蛋品质量安全源头可追溯；五是含更多生物营养素。

神丹“健康蛋”已有多项产品被中国绿色食品发展中心认证

为绿色食品。自面市以来，深受广大消费者喜爱，畅销全国各大超市，走进数百万家庭餐桌，还出口美国、日本、韩国、新加坡、澳大利亚等多个国家和地区。据国家商业网报道，云南昆明一家牧业公司最近推出一种“三七药疗蛋”，在国内售价每个6元，在美国市场上每个售价3.5美元。

（三）富硒鸡蛋的研究及发展方向

据《中国畜牧兽医报》及罗毅等报道：硒对人体具有诸多功效，例如，能有效提高机体免疫力、抗氧化、延缓衰老和抗有毒元素等。目前，已知与缺硒有关的人类疾病多达40余种，包括心血管疾病、糖尿病、自身免疫性疾病、克山病、大骨节病等。通过生物学方法生产富硒食品安全有效，主要包括微生物富集法、植物转化法和动物转化法。其中，动物转化法是采用含硒量较高的饲料饲喂动物，生产富硒类肉蛋产品，如富硒鸡蛋、富硒肉和富硒奶等。本文重点阐述富硒鸡蛋的研究及发展方向。

1. 生产状况和原理 目前，市场上富硒鸡蛋的含硒量，基本为普通鸡蛋的3～5倍。现在国内比较流行的富硒鸡蛋的生产都是通过以下方式进行：选择优良蛋鸡品种，通过肌内注射或在日粮、饮水中添加等方式，增加蛋鸡的血硒含量，并通过主动运输方式，向各组织、器官转移，参与胱甘肽过氧化酶等酶类的合成，促进代谢活动，使机体稳定于新的动态平衡。在细胞内，谷胱甘肽正常时，由于硒容易通过卵巢屏障，所以生殖系统中硒浓度较高，并沉积到蛋，使蛋硒含量升高。但在实际生产中，由于种种原因，会导致鸡蛋中硒的沉积量不同。

2. 不同硒对蛋硒沉积的影响 不同硒源对鸡蛋硒沉积的影响一般有两种形式，即无机硒和有机硒。无机硒主要有亚硒酸钠和硒酸钠，通过被动扩散方式吸收；有机硒主要有硒蛋白、蛋氨酸硒、富硒酵母等，在肠道中通过依赖Na^{+}的中性氨基酸转运系统被主动吸收。无机硒的特点是含硒量高和价格低廉，而有机硒具有生物利用率高的特点。国内外研究者针对不同硒源对蛋硒的沉积效果进行了大量研究。证实日粮添加有机硒与无机硒均能

显著提高鸡蛋硒含量，有机硒较无机硒更能显著提高硒在鸡蛋中的沉积。

3. 硒水平和添加时间决定鸡蛋硒的含量 不同硒水平和添加时间对蛋硒含量有影响，如果每千克添加量高达 1 毫克及以上，所需时间会适当缩短，尤其应注意的是类似剂量的有机硒沉积效果优于无机硒组。经研究表明，随着日粮中硒添加量的升高，硒在鸡蛋中的沉积显著增加，相同水平的硒添加时，富硒益生菌（有机硒）沉积效果优于亚硒酸钠。

（四）各种“保健蛋”生产若干方法

药蛋，又叫疗效蛋或药疗蛋，科学家通过改变鸡饲料成分的办法，使母鸡产下“药疗蛋”，现就各种药疗蛋生产方法介绍如下。

1. 高碘蛋 在产蛋鸡饲料中加喂 4%～6%的海藻粉或海带粉，或在 1 000 千克饲料中加入 50 克碘化钾，搅拌均匀，每只产蛋鸡每天饲喂含碘饲料 100～150 克，连喂 7～10 天，所产的鸡蛋为高碘蛋，比普通蛋碘高 15～30 倍。（《实用技术文摘》2011 年 4 月 15 日）

利用碘化物生产碘蛋的方法。黑龙江安达市城郊畜牧站侯广福等报道：给鸡加喂碘化物或碘酸钙可生产碘蛋。碘化物的喂法是：在每千克鸡饲料中添加碘化物 40 克或碘酸钙 30 克，也可用碘 10 克、碘化钾 20 克，任选一种直接拌入饲料即可。试验证明，这种碘蛋含碘量超过正常蛋的数十倍。只要按时投给碘剂饲料，每隔 3～5 天喂 1 次，即获得碘蛋（《饲料研究》1989 年第 5 期）。

高碘蛋已问世 24 年了，我国从 1986 年开始研究应用，对预防和治疗高血压、高血脂、冠心病、糖尿病、甲状腺、脂肪肝等疾病疗效较佳。经常食用高碘蛋能预防感冒，改善贫血状况。每天食用量 2～3 个，40～60 天为一个疗程。

相关效果记载：

（1）山西《鸡鸭鹅鹑鸽》（1989 年第 253 期）中有“上海市

第六人民医院报道：他们应用高碘鸡蛋治疗高血压、高血脂、支气管哮喘等症，病程在 5 年以上的患者 36 例，在停服任何药物的情况下，对降血压、降血脂和平喘有明显疗效，有的甚至胜于药物治疗”的记载。

（2）同报还有“天津市人民医院报道：他们应用高碘蛋治疗糖尿病患者，有效率达 87%以上”的记载。

（3）《畜禽信息》（1989 年）是有“鞍山市中心医院报道：应用高碘蛋治疗高血压 200 例，有效率达 93.5%，高血脂 200 例，有效率达 86%以上。高碘蛋在缺碘地区，如能每天食用 1 枚，即可有效地预防地方性甲状腺肿和傻呆症及侏儒症等的发生”的记载。

2. 维克兰蛋 维克兰蛋是日本市场出现的一种特殊鲜蛋。生产这种蛋的母鸡，主要喂食天然和合成的小麦胚芽油、鱼粉、维生素等配制的饲料。蛋内除了含有高于普通鸡蛋 20 倍以上的维生素 E 外，还含有较多的维生素 A 和泛酸等，这种鸡蛋对老年痴呆、高血压、动脉硬化、肌肉老化、体力衰退、肝障碍等症均有预防效果，也可以作为妇女产前后的滋补食品。

3. 低胆固醇蛋 美国一养鸡场研制的低胆固醇蛋，是在改善产蛋鸡饲料营养的同时，注意优化鸡的生活环境，保持鸡舍通风、降低空气中氨和灰尘的含量，安装特殊光源，使鸡舍光线与外界一致，给鸡饮用中性水，饲料以玉米、豆粉、酒槽为主，补充必需的维生素和生理所需的矿物质、微量元素。用此法能使鸡产的蛋比普通蛋中的胆固醇含量低 55%，钠含量降低 25%。也可在饲料中添加 4%～6%的海鱼油及菜籽油的混合物，同样方式生产出低胆固醇蛋。此蛋能预防高血压、糖尿病。这种鸡蛋减少人们吃鸡蛋增加胆固醇的担忧。

低胆固醇蛋营养壮补，可防治高血压。山西《鸡鸭鹅鹑鸽》（1989 年第 253 期）：“低胆固醇蛋可防治心脏病、高血压、高血脂、动脉硬化等。”《山西科技报》：“经过试验证明：食用普通鸡蛋每天 4 个，经 4 个星期以后，血液中的胆固醇就有所增加；而

改吃低胆固醇鸡蛋后，血液中的胆固醇就恢复正常，疗效很显著。”

相关效果记载：

（1）《国外畜牧学》（饲料 1990 年第 4 期）中有“日本静冈县家畜试验场研究，在蛋鸡配合饲料中添加 5％的植物醇或 5％的植物醇＋4％的薏苡粉，可以降低卵黄中的胆固醇含量。经过试验证明，两试验组卵黄中的胆固醇比对照组减少 8.5％，每个全蛋分别减少胆醇 8.3％和 10.9％”的记载。

（2）《纽约时报》（1989 年）中还有“美国詹姆斯 L、麦克耐斯研究发现，用葵花籽粗粉饲养母鸡，约占饲料的 8.8％，可达到降低胆固醇含量 13％；或用粗糙纤维（或 10％木头刨花）喂母鸡，可以磨掉母鸡小肠内含胆固醇的绒毛细胞，也可使鸡蛋的胆固醇明显降低”的记载。

（3）《黑龙江科技报》（2000 年 2 月 16 日）中有“墨西哥科格拉农牧开发公司，通过在母鸡饲料中添加维生素 E 和一种被称为 DGA_3 的饲料添加剂，使其鸡蛋中的胆固醇分解清除，使鸡蛋中完全检测不到胆固醇，并已上市”的记载。

（4）《国外科技消息》（1990 年）中有“美国宾夕法尼亚环境系统公司研究，在改善蛋鸡饲养营养的同时，注意优化其生活环境，使鸡蛋中的胆固醇含量减少 20％以上。他们的做法是降低鸡舍空气中氨和灰尘的含量，保持鸡舍中空气新鲜；设置能模拟自然阳光的专门照明设备；将饲喂用水中的重要有害金属成分中和除去；用玉米碎粒、大豆碎粒、啤酒喷雾粒、维生素和矿物质等配制出优质蛋鸡复合饲料”的记载。

（5）《国外科技动态》（1992 年）中还有“在蛋鸡饲料中添加 1％～3％的大蒜油，可使鸡蛋中的胆固醇每克降低 4.1～5.45 毫克”的记载。

4. 鱼油蛋　美国生物学家在鸡饲料中添加 3％～5％的鱼油，使每个蛋中含有大约 1 克鱼油。由于鱼油代替了鸡蛋所含有的大约 15％的脂肪酸，使鸡蛋里的胆固醇含量为之降低了 15％～

20%。人们食用鱼油后，血液中胆固醇不但不会增加，而且血压还会降低，长期食用，可避免冠心病的发作。

这种鸡蛋被称为聪明蛋、脑黄金蛋《兽医本草》、功能蛋、仿鱼鸡蛋《饲料研究》、改良蛋《山西科技报》、DHA蛋、高智商蛋《中国畜牧水产消息报》。鱼油中含有丰富的EPA、DHA等多种不饱和脂肪酸，而DHA和EPA是人体代谢所必需的不饱和脂肪酸。它不但能维持人体神经元的突起，促进大脑的信息传递，提高人类的智力、记忆力，还能抑制血液凝集、减少血栓的形成，对防治心血管疾病十分有益。

DHA蛋能促进儿童大脑发育，福建省农科院畜牧兽医研究所科研人员，经过几年努力成功地研制出DHA蛋，并已经福建省食品卫生监督检测，每克蛋含DHA量达7.76毫克（每个蛋含400～500毫克）。DHA蛋不仅能使孕妇和婴儿通过食蛋而获得DHA，促进儿童生长发育，它更大的优势在于减轻了心脑血管疾病患者食蛋的恐惧感，甚至可防治该病。（《中国畜牧水产消息》1995年10月8日）

5. 微量元素蛋 在鸡蛋料中添加0.4%的锌、铁、碘等微量元素，鸡就可以产下含锌、铁、碘等微量元素较多的蛋，此蛋可以加速人体生长发育，增加免疫力，提高产妇的乳汁分泌量。

研制微量元素鸡蛋效果好。山东省淄博市卫生防疫站等报道：他们经过多年研究筛选出多种人体所必需的微量元素，经过科学处理加入蛋鸡饲料中，通过生物转化过程，使微量元素转化成易于吸收、无不良反应、安全可靠的有机蛋白质合成物。这种鸡所生产的蛋中增加了铁、锌、碘、钙等微量元素，大大提高了营养价值，它可以加速人体生长发育，增强免疫力，提高乳汁分泌，备受外商青睐。（《饲料研究》1989年第8期）

相关效果记载：

(1)《饲料研究》（1989年第8期）中有“山东省淄博市医科所介绍：他们试验100名低锌儿童，每日食1～2个微量元素蛋，经过2个月后，头发中含锌量平均增长50×10^{-6}”，缺锌症

治愈率达98%；有120名缺铁性贫血儿童，食用微量元素蛋2个月后，血色素平均增加4克，治愈率100%；有60名糖尿病人，食用微量元素蛋后，血糖平均降低60%，优于药物降糖效果的记载。

（2）《中国畜牧水产消息》（1995年5月7日）中有“微量元素蛋：在母鸡饲料中添加0.4%的微量元素，鸡产下的蛋中含有较多的锌、铁、碘等微量元素。每天吃1个可加速人体生长发育，增强免疫能力，同时可防治多种疾病”的记载。

（3）明·李时珍《本草纲目》中有“以光粉诸石末和饭饲鸡，煮食甚补益”的记载。

6. 辣椒蛋　用含有1%辣椒粉的饲料，加适量苜蓿粉和少量的植物油喂母鸡，产出蛋黄呈橙色，富含胡萝卜素和维生素C，能预防夜盲症和血液病。

相关效果记载：

（1）山西《鸡鸭鹅鹑鸽》中有“红辣椒含有丰富的类胡萝卜素，在蛋鸡日粮中添加0.5%～1%的红辣椒粉，不但可以增进鸡的食欲，帮助消化，提高鸡的长肉率，而且可以提高鸡的产蛋率，更可以增加蛋黄色泽。食用这种辣椒蛋，根据各地报道，可以防治夜盲症和血友病”的记载。

（2）《实用技术信息》（2001年1月15日）中有“四川省开江县牧业科技中心陈远见报道的辣椒蛋：用1%辣椒粉饲料，加入适量苜蓿粉，少量植物油喂鸡，产出的鸡蛋含胡萝卜素和维生素C，食后有利于养颜美容”的记载。

7. 郁金蛋　将中药的土常山、姜黄、郁金等制成药粉，按2%的比例添加在鸡饲料中喂鸡，所产鸡蛋是一种低能高蛋白的中药食疗蛋。

相关效果记载：

北京《饲料研究》（1989年第8期）中有“日本神奈县有一家养鸡户，将郁金、姜黄、土常山等中草药，研成极细末，掺入饲料中用来喂母鸡，所产的鸡蛋经化验分析表明，其具有高蛋白、低脂肪、维生素特别丰富的特点，颇受消费者欢迎”的记载。

用郁金、姜黄等中药添加到饲料中喂鸡，不但能生产低脂肪、高蛋白的营养蛋，而且能促进鸡生长发育，防治鸡腹泻病。

8. 高锌蛋 在母鸡饲料中添加1%的无机锌盐（含硫酸锌等），饲喂20天后产下的蛋即是高锌蛋，该蛋比普通蛋含锌量高15～20倍，严重缺锌者每天吃1～2个，20～40天为一个疗程，对缺锌患者有较好的效果，而且对促进儿童智力发育有良好作用。《实用技术文摘》2001年1月15日。

补锌可有加速生长发育、提高智力、改善味觉、增进食欲、加强机体的免疫能力、调节和保护细胞的分裂和代谢、增进性功能的恢复及预防恶性肿瘤等功效。1986年中国营养学会透露，我国约有80%的儿童存在不同程度的缺锌，而直接服用锌剂又适口性差、不良反应多。补锌饲料喂鸡所生产的高锌蛋，具有食用方便、适口性好、营养全面、容易吸收、无不良反应等优点，易被儿童接受。对于儿童按每日服用2个高锌蛋计算，摄取量只有治疗量的1/10～2/10；对于成年人每日服用3个高锌蛋计算，仅相当于治疗量的1/20左右。这个剂量对于人是绝对安全的。

相关效果记载：

（1）北京《饲料研究》（1989年第8期）中尚有“山东省淄博市营养保健食品研究所报道：他们研究成功的高锌蛋，在鸡饲料中添加锌盐物，经20天喂养后，鸡即可产下比普通鸡蛋含锌量高20倍的蛋，锌含量近似肝的水平。儿童每天吃1～2个高锌蛋，可预防缺锌引起的生长发育不良等症”的记载。

（2）《山西科技报》（1991年7月12日）中有“经常食用高锌鸡蛋，能防治缺锌、缺钙、贫血、感冒、牛皮癣等症；对细菌性前列腺炎、性功能障碍、风湿症、直肠癌等也有疗效；能助发育、增强免疫力，最适合儿童、老人、孕妇、产妇食用”的记载。

9. 高铁蛋 在鸡饲料中添加适量的硫酸亚铁，饲喂7～10

天即可产出高铁蛋，此蛋中含铁量为1500～2 000微克/个，比普通测验蛋（800～1 000微克/个）高出0.5～1倍。食用多铁蛋可防治缺铁性贫血症，对失血过多的患者有滋补作用。《中国畜牧水产消息报》，2000年4月9日。

10. 据外电报道　英美两国的科研人员最近运用基因工程研制成功一种新型母鸡。这种母鸡所产的蛋里含有大量的抗癌物质，可以用来治疗恶性黑色素瘤。

从事基因疗法研究的英国牛津生物医疗公司宣布，该项成果向人们演示了如何通过家禽来获取其他多种药物。

牛津生物医疗公司在近日发表了一份声明称，该公司“通过这次合作，人们首次将在鸡蛋白中有选择性地制造出了一种具备潜在治疗作用的蛋白质。该项技术预计可以为很多种蛋白质药物的生产提供一种可供选择的低成本制造法，同时它还可以使用产品在品质上具有潜在的优势。”

11. 人参蛋　江西《中兽医学杂志》（1996年第2期）中相关记载，早在清乾隆年间，我国八大盐商中有个大富翁，名叫黄均大，他曾异想天开地生产过一种药蛋即人参蛋。他的办法很简单，用人参、黄芪等贵重药品研成细末，每日掺入饲料中喂母鸡，并确定专人饲养，关在一个特殊的环境中，所以母鸡生长得特别好，所产鸡蛋营养特别丰富，具有人参和黄芪等中草药的功效，可治身体虚弱、肾虚阳痿等多种疾病。被人们称为“美味无比、特别养人的药蛋”。

本品生产方法简单，药用功能显著，各地不妨推广生产，定会得到较好的经济效益。

12. 亚麻蛋　“黑龙江粮食科学研究所王庆福介绍：在莱克亨小母鸡饲料中添加8%～10%的全脂亚麻籽，或16%的全脂卡诺拉油菜籽，并用2%鱼粉，以及小麦大豆作为对照，待64周龄以后屠宰分析结果表明，饲喂亚麻籽饲料的母鸡所产的鸡蛋含胆固醇明显降低，而亚麻籽油组最突出，并大大提高了鸡肉中不饱和脂肪酸的含量。从而得出结论，亚麻籽蛋白和油脂作为饲料组分，是生产低胆固醇鸡蛋白和鸡肉的先进配方”。据河北《实用技术信息》（2001年6月18日）中“陈远见报道：科学研究证明，紫苏子中富含α-亚麻酸，能很好地预防动脉硬化。如在鸡的日粮中掺入0.5%的紫苏子（粉碎成末），育成鸡每100克鸡肉中可含亚麻酸2.4毫克，是一般鸡肉所含亚麻酸的数百倍。这种鸡肉是冠心病、高血压患者的理想食品”。

13. 海藻蛋 利用海藻生产高碘蛋效果好。山东省青岛市即墨县科协陈昆熙报道：青岛市即墨县国建养鸡场，利用从墨西哥引进的一种巨藻，在鸡饲养中添加4%～6%的海藻代替玉米面喂蛋鸡，生下的鸡蛋含有机碘量超过普通鸡蛋15～20倍，维生素A的含量也大大提高，只要连续喂养7天，所产的鸡蛋就可作碘蛋食用。通过青岛市医院和疗养院临床试验，对原发性高血压患者70例，食用2个月后观察结果，显效率77.6%，有效率在90%以上；其他甲状腺肿大和糖尿病患者疗效亦甚佳。

上海《新民晚报》（1989年7月6日）中有“美国迈克尔食品公司向市场推出含碘量比普通鸡蛋高几十倍，含胆固醇成分极低（为普通鸡蛋15%左右）的保健蛋，这种生活在没有污染环境，吃着含高碘量海藻为主的‘绿色食品’的母鸡，能使无机碘在体内变为有机碘，所产的碘蛋易被人体吸收；而其含胆固醇成分低，解除了人们吃鸡蛋对健康带来不良反应的忧虑，因而成为老少皆宜的保健蛋。从而使美国年人均消费蛋量224只猛增到315只”。

1976年高碘蛋就已在日本问世，到1981年每月销售量已达770万枚，食用高碘蛋的人超过50万。近年来美国、英国和瑞士也先后成功研制这种保健蛋，颇受消费者的青睐。农村以海带、紫菜等作为鸡饲料，既可生产高碘蛋，又可节约部分其他饲料，不但蛋内的含碘量增加，而且维生素、矿物质含量也有所提高。

14. 石英蛋 有记载“石英蛋：英鸡出泽州有石英处，常食碎石英，状如鸡，而雉尾，体热无毛，腹下毛赤，飞翔不远，肠

中有石英，人食之，取（石）英之功（而石英有益阳事）补虚损，令人服健悦泽，能食不患冷，常有实气而不发之效。今人以石英末饲鸡取卵食”。

人们一提起药蛋，一般总认为是现代发展的新科技产物，其实我国古代早已有之，可见我国民间医药具有非常悠久的历史和极其丰富的内容。我们应努力发掘，加以提高，古为今用，推陈出新，为发展现代畜牧兽医事来作出新贡献。

15. 含锗蛋　这种鸡蛋称为功能蛋《兽医本草》、有机锗蛋《饲料研究》、高锗蛋《中国畜牧水产消息报》。

（1）《饲料研究》（1994 年第 1 期）中有“有机锗牛奶生产方法：将水溶性无机锗化合物撒于草料表面或加入水中。每头奶牛给饲草 1.4 千克，添饲的无机锗化合物（换算成纯锗 400 毫克）撒于草料表层，连喂 7～14 日即可生产出有机锗牛奶”的记载。

（2）《常州天龙保健营养品有限公司》有机锗口服液介绍：最早发现有机锗的是日本学者浅井一彦，他发现人参、灵芝、蘑菇等名贵药材之所以有强壮、滋补、抗癌的作用，与它们含有大量的有机锗有很大的相关性，它在其中起着重要作用，且安全无毒、无不良反应。

有机锗蛋生产方法。浙江省粮食科学研究所许仁溥介绍：1984 年日本有数篇专利报道，将水溶性无机锗化合物混合添加于蛋鸡饲料内，按每千克饲料中锗的添加量为 800 毫克（根据无机锗化合物换算成纯锗计算），无机锗化合物在家禽体内可转化为有机锗化合物，此蛋的保存期比普通蛋长。同时体内无机锗化合物则随粪便排出体外，此鸡粪仍可作饲料配合物。（北京《饲料研究》，1994 年第 1 期）。

有机锗能调节机体免疫功能，可改变细胞膜生物电反应，净化血液增强抗氧化能力，有抗突变及抗癌作用，并有抗衰老功能。可用于防治癌症、血管硬化症、脑出血、脑血栓、脑软化、脑充血后遗症、冠心病、肾脏病、肝脏病、胃溃疡、萎缩性胃炎、糖尿病、癫痫、慢性神经病、高血压、关节炎、哮喘、骨质疏松、牛皮癣及湿疹等。

16. 仿鱼蛋 据北京《饲料研究》，1995 年第 6 期中有记载“日本估野营养源研究所科研人员研究成功一种仿鱼鸡蛋，其方法是从金枪鱼或沙丁鱼的脂肪中提取含有 DHA 和 EPA 的油脂，以 0.5%～1.%的比例混合在饲料中喂鸡，结果所产的鸡蛋中，每 100 克含 DHA 达 1 700 毫克，比普通鸡蛋提高 15 倍。它能促进儿童大脑发育，增进智商和改善记忆。降低胆固醇，具有抗过敏和抗癌等功效。因而具有很高的营养价值，是极好的保健食品”。《中国畜牧水产消息报》1995 年 10 月 8 日记载“加拿大 Sim 博士试验结果，他曾把 23 位大学生分成两组，试验组每人每天食用 2 个 DHA 鸡蛋，对照每人每天食用 2 个普通鸡蛋，经过 20 天对比试验显示，试验组学生血液中胆固醇无实质性变化，而血液甘油三酯显著降低，而食普通鸡蛋的对照组学生，血液中胆固醇含量增加，而血浆甘油三酯没有变化”。

17. 高维生素蛋 本品为母鸡饲料中添加多种维生素所产的鸡蛋。目前生产的高维生素蛋有以下几种。

（1）高维生素 A 蛋 有相关报道：要使蛋黄中维生素 A 的含量提高两倍，饲料中维生素 A 的供给量就必须达到常规饲料的 4 倍；若要提高 3 倍，维生素 A 将不再增加，过高的维生素 A 会影响色泽、降低产蛋率。此蛋可治干眼病和夜盲症。

（2）高维生素 E 蛋 日本新近推出的淮克兰鸡蛋，就是一种高维生素 E 蛋，每个蛋的维生素 E 含量高达 10.8～14.4 毫克，是每个普通鸡蛋维生素 E 含量 0.54～0.77 毫克的 20 倍；同时还含有较高的维生素 E 和泛酸成分。其生产技术与高维生素 A 蛋基本相似。此蛋可防治骨骼肌与心肌变性等症。

（3）高维生素 B_1 蛋 根据山东省滨州畜牧兽医研究所研究员沈志强报道：高维生素 B_1 蛋是在鸡日粮中添加强化硫胺素（即 B_1），提高蛋黄中硫胺素的含量。在蛋鸡饲料中添喂 2.5～6.0 毫克的硫胺素，投喂 2 天后所产蛋含量就上升，过 10～14 天后，

蛋黄中的含量达到了顶峰，每个蛋保持在3.9～15毫克，比一般鸡蛋每个提高了1.8～2.6倍。此蛋可防治脚气病和乏力症等。

（4）高维生素B_2蛋　高维生素B_2蛋是在饲料中添加维生素B_2即核黄素，根据美国康奈尔大学的P·J·T·Tuffe等（1974）研究报道：饲养中核黄素提高1倍，蛋黄中核黄素含量随之增加0.9倍，而蛋清中则增加1.1倍。此蛋可防治眼、唇、口角症。

（5）高维生素D蛋　芬兰农业研究中心波尔约·马莠拉博士等研究发现，增加鸡饲料中的维生素D含量，可以生产出高维生素D蛋，科学家用3组年龄为30周龄的母鸡进行对比试验，他们将添加维生素D饲料喂养6周后，所产鸡蛋中维生素D含量可达到普通鸡蛋的6倍，此鸡蛋可防治佝偻病。

18. 姜黄蛋　据《世界科技译报》（2000年4月）中有“李敦译报：日本养鸡专家鸿巢竹夫经验，他开发出用中药佐料改进鸡的肉蛋的方法。在配制饲料时，除加入米糠、鱼粉、酱油渣、豆渣外，还要加上一把中药。他在鸡饲料中加入姜黄，有抗菌、促进新陈代谢的作用，对于消灭沙门氏菌作用特别明显。他把400克姜黄粉浸泡在35℃的白酒里，经过3周浸泡后，按每120毫克兑100升水的比例，配制成鸡饮用水，每2周给鸡饮用1次。这种母鸡所产的鸡蛋具有特殊的香味，很受欢迎”。

值得注意的是鸡对乙醇特别敏感，为此必须严格掌握用量，严防中毒事故发生。

19. 杜仲蛋　据上海《新民晚报》（1995年10月）中有“日本科学家近来研究发现，杜仲叶可作药用（过去中药只用其树皮），可以抑制胆固醇。把新鲜的杜仲叶晒干，磨成粉末，混在蛋鸡的饲料里，鸡吃后生的就是杜仲蛋。普通鸡蛋每100克中含有470毫克胆固醇，而杜仲蛋每100克中只有360毫克胆固醇，胆固醇含量减少24％”。

鸡蛋是营养最完全的食品，因为它具有生产一个新生命（小鸡）所需要的全部营养。但由于蛋黄中含有较多的胆固醇，因而使一些老年人望而生畏。我国是中药杜仲的生产大国，过去中药只用其树皮，初春换新所落的杜仲叶，常常浪费不用，如能利用其枯叶生产杜仲蛋，将有很好的开发前途。

20. 富硒蛋 本品为在母鸡饲料中添加微量元素亚硒酸后母鸡所产的蛋。

这种鸡蛋被称为生命蛋、高硒蛋《中国畜牧水产消息报》，硒保健蛋《山西鸡鸭鹅鹑鸽》，富硒鸡蛋《华东中兽医科研协作会议资料选编》。

硒是动物体的重要微量元素，有提高免疫功能、增强抗病能力、对抗自由基损伤、保护细胞膜的作用。从而具有抗衰老，防癌症，保护心脏，防治克山病、大骨节病、风湿性关节炎，恢复视力，防治脑血栓、高血压、高血脂等功效；而且对汞、砷、镉等中毒有解毒作用。

上海农学院动物科学系郁国介绍：他们开发研制的富硒蛋是应用生物工程技术的最新科技成果。经中国科学院上海原子核研究所检测，富硒蛋含硒量比普通鸡蛋高 3 倍，符合食用药蛋标准。经华东医院、上海市老年医药研究所等单位临床试验证明，在提高抗氧化损伤能力、增强谷胱甘肽过氧化酶的活性等方面，发挥了较好的抗衰老作用，对降低血脂、改善心脏功能均有明显效果。按规定食用，无任何不良反应，是一种特殊的营养保健食品。凡人体缺硒或低硒造成的免疫功能低下患者，均可食用此蛋。

富硒蛋的生产方法：在蛋鸡饲料中添加 1%的无机盐和维生素 E 制剂，使饲料中的硒总浓度达到 1.5～2.5 毫克/千克。饲喂 1 周后鸡蛋中的硒和维生素 E 含量显著提高。这种富硒蛋不但对缺维生素 E 的患者能起到较好的防治效果，而且对老年心血管疾病和克山病有独特的疗效。但必须注意，鸡饲料中硒含量浓度不能超过 3 毫克/千克。

相关效果记载：

（1）山西《鸡鸭鹅鹑鸽》第 291 期中富硒保健蛋：这是湖北

省老年医学研究会推荐的，鸡吃了含硒较高的饲料所生的鸡蛋，对老年性心血管病及克山病有防治作用。

（2）《中国畜牧水产消息报》1995 年 8 月 7 日中有“硒蛋”在母鸡饲料添加 1%的无极硒盐，产下蛋即是硒蛋，这种蛋可治老年心血管病和克山病。

硒为极毒药品，过量引起人畜中毒，必须严格掌握用量。

21. 亿安奇乐蛋　根据少蔚报道：山东省玉圆食品销售有限公司运用 CM（即亿安奇乐）生物技术喂蛋鸡未加任何药物、激素，所产生的 CM 蛋，经国家卫生部食品卫生监督检验所检验：①无任何药物、激素残留；②胆固醇降低 82.2%；③脂肪降低 73.64%；④蛋白质提高 5.56%。此蛋特别适合老人、孕妇、儿童及高血压、脑血管和心血管患者食用。

同报又有“莱芜市第一养殖大户谷体强，从 1997 年开始使用亿安奇乐产品，他的鸡群不仅生长良好，且鸡舍基本无鸡粪味，舍内不见苍蝇。1999 年许多养鸡户的鸡都因病死亡，可他家的 3 万只鸡因使用了亿安奇乐而安然无恙。可见此产品不但能生产优质保健蛋，而且有防病、除臭的功效。”

亿安奇乐是筛选出光合菌、酵母菌、乳酸菌、芽孢菌和放线菌等有益微生物，使其形成最佳组合比例，从而形成 CM 中好氧菌和厌氧菌共生共长的特殊工艺生产出的农用新产品。现已列为国家丰收计划重点推广项目。

22. 新型超级蛋　这种专门培育的鸡蛋提高了 4 种重要化学物质的含量。

（1）维生素 E　植物油中含有的重要抗氧化剂，可预防癌症等疾病。

（2）二十二碳六烯酸　鱼体内含有的一种脂肪酸，对大脑发育十分重要，并可增强免疫系统。

（3）黄体素　为蔬菜中含有的最重要的防癌物质，有预防各种癌症发生的作用。

（4）含有微量的硒元素　为坚果中含有的微量金属元素，与其他营养成分具有相似的功效。

北京《参考消息》(1999 年 4 月)中有“苏格兰农学院的彼得·沙劳伊教授说：研究的文献资料表明，提高血液中的这些营养成分的含量，可减少罹患各种疾病的风险。他又说：我们可以以防治心血管疾病为例，只要饮食得当，甚至于癌症也可以预防”。说明改进母鸡饲料和提高鸡蛋营养研究大有可为。

23. 雌性激素蛋 这种鸡蛋被称为药蛋、雌蛋。山西(《鸡鸭鹅鹑鸽》1990 年 3 月)

目前鸡饲料添加剂的雌性激素，主要是雌二醇。这种激素活性较强，由卵巢中的卵泡中膜产生，其分子式为 $C_{12}H_{14}O_2$。目前已能人工合成，其产品有二丙酸雌二醇等。在饲料中加进 0.002%～0.007%的雌二醇，即可增加氮在体内的蓄积作用和钙、磷蓄积，从而促进鸡的生长发育和提高生产性能等。

这种鸡蛋味甘、性平、有小毒。可补充激素，促进发育。(山西《鸡鸭鹅鹑鸽》，第 291 期)：“江苏省农科院情报研究所张静丽报道：为了让鸡长得快，下蛋多，在饲料中加入较多的雌性激素，结果产蛋率大大提高，并生产出含雌性激素较多的药蛋。人们用此种药蛋来治疗妇女月经过少、更年期综合征、乳母断乳时退乳，男子前列腺癌等取得了明显效果”。

用雌性激素生产的鸡蛋，只能在医生的指导下，根据患者的病症情况，用饮食疗法来治疗疾病，严禁无病乱服雌性激素蛋，女童误服可引起性早熟，提早月经来潮，因与鸡蛋有关。本书慎录于此。

24. 免疫抗体蛋 这种鸡蛋被称为防病鸡蛋、防腹泻蛋、免疫蛋、抗体蛋。据《日本农业新闻》报道：日本三重县食品原料制造厂家太阳化学公司曾在亲本母鸡的体内注射一种病原菌的抗原，结果在 2～3 周内即可在蛋中产生一种可防止该病原体感染的抗体，这种方法能够有效地利用鸡的免疫功能，利用养鸡业工厂化生产这种抗体，成本低而且以食品形式提供，人们也乐于接受。这种抗体能够有效地防止幼儿腹泻和龋齿。

又据日本《食品与科学》杂志（7月）报道：大阪大学牙学院同钟纺公司合作，成功地研制出能抑制发生龋齿的抗体。他们把能导致龋齿的酶注射到鸡的体内，然后从这些鸡所产的蛋黄中提取出能抑制发生龋齿的抗体。用这种蛋黄在小鼠身上试验时发现，它可以有效地预防龋齿。

25. 基因抗癌蛋　据《西藏科技报》报道：英国罗斯林研究所的科学家在成功克隆出多利羊后，又研制出一种基因鸡。这种鸡通过修正单一细胞核内的基因物质，培育出此基因改造母鸡，使它下的鸡蛋蛋白中，含有大量的特定蛋白质，这种蛋白质能够用来制造治癌新药，可治疗包括乳腺癌及卵巢癌等多种癌症。这种基因鸡每只每年可产蛋250只，每只蛋最少具有100毫克能用来制造抗癌药的蛋白质，并且很易提炼出来。

本品为高科技产品，广大民间兽医虽不能生产，但可以扩大眼界，说明生物药蛋大有可为，特此录之。

26. 赛福生命蛋　这种蛋含氨基酸和微量元素，具有调节人体硒代谢的作用，能通过日常饮食吸硒，使血清硒由低下值升至正常值。此外尚有降低血脂、血压的作用。可用于心脑血管病（冠心病、脑血栓、高血压等）及肿瘤的防治，亦可用于老年性痴呆症。

高能蛋：为与赛蛋类似的一种产品，系通过在鸡饲料中添加某种促进剂，使所产鸡蛋的营养搭配较为合理，其中人体必需氨基酸及老年人缺乏的脑细胞所需特种营养成分大大提升。服用此蛋后可调节人体内的硒代谢，起到保护心肌、降低血脂、延缓衰老、健身强体的作用。对防治冠心病、早搏、心动过速等有效。

27. 华绿宝贝蛋　这种鸡蛋又称为东乡蛋、绿壳保健蛋、六黑绿壳蛋、华夏明珠蛋，是江西省东乡县畜牧科学研究所徐建生从当地乌骨鸡中选育成功的新品种鸡所产的绿壳蛋。

据章绮报道，江西省东乡县畜牧科学研究所徐建生等通过调查研究，该县616 000只乌骨鸡中，仅有30只六黑鸡（即黑毛、黑皮、黑骨、黑肉、黑血和黑内脏），所产的蛋为绿壳蛋。根据中国科学院遗传研究所和江西省科技研究所研究，对东乡黑羽绿壳蛋鸡进行血型测定和国内外资料检索表明：东乡黑羽绿壳蛋是一个世界罕见的珍稀品种资源，是非常宝贵的药用性品种。华绿宝贝蛋作为一个遗传基因工程科研成果，蕴藏着现代医药“全面均衡营养理论”的精髓。东乡六黑鸡的基因决定了它产的绿壳蛋营养全面均衡，并高于普通鸡蛋。最奇妙的是此蛋含生命元素的配比与人体所含生命元素最为接近，这就是华绿宝贝蛋最珍贵、最神秘的地方（北京《经济晚报》1999 年 4 月）。

（1）增进食欲，促进发育。根据上海第二医科大学新华医院临床试验证明，华绿宝贝蛋对提高儿童血清锌、增长身高、增强抗病力及促进食欲效果显著。《江苏农业科技报》（2000 年 4 月 8 日）：“绿壳鸡蛋能增强人体免疫功能、降低血压、软化血管，有预防中老年心血管疾病的功效。”

（2）上海长城公司张小华的 12 岁女儿，头发天生少年白，经常腹胀又有便血，久治不愈。食用华绿宝贝蛋后症状消失，连吃 3 个月，体重增加 2 千克，身高增长 3 厘米，白头发变得乌黑油亮。

（3）上海一建公司王劳的女儿 9 岁，长期厌食，营养不良，面黄肌瘦，骨瘦如柴，小伙伴都叫她“豆芽菜”。吃华绿宝贝蛋后 1 个月，食欲大增，脸上有了红晕，2 个月后已恢复正常。

（4）《福建科技报》（2000 年 1 月）中有报道“永安县湖雷镇闽西珍禽开发公司饲养着一种皮、毛、肉、血、内脏均为黑色，所产鸡蛋为绿色的珍禽。此种鸡蛋含有大量的卵磷脂、维生素 A、维生素 E、维生素 B，微量元素碘、锌、硒等。属于高维生素、高微量元素、高氨基酸、低胆固醇、低脂肪的理想天然保健食品。经常食用能增强免疫功能、降低血压、软化血管，这给我国发病率不断上升的高血压、冠心病、高血脂、中风等心脑血管疾病患者带来福音；另外还能增强儿童智力，对婴幼儿发育不良、儿童厌食、提高孕妇和病人的营养，提供了极好的滋补食

品，这为养殖业带来广阔的前景”。据最新报道：江西省长宁镇，绿壳鸡蛋每500克卖70元，每枚鸡蛋3～4元。

28. 人体基因蛋　据《国外科技信息》（1995年）中有“英国苏格兰的科学家报道，他们通过运用遗传工程的办法，把人体内的某种基因植入母鸡体内，使其产下含人体蛋白的鸡蛋。这种鸡蛋可当药物使用，比如要从人血中提取治疗血友病的人血蛋白，就可用这种鸡蛋来提取，这样就可以节省很多人血，从而使鸡蛋的价值提高几十倍”。

以上大部分药蛋均介绍了具体制造方法，各地可以试验生产。免疫抗体蛋、基因抗癌蛋和人体基因蛋虽未提供具体制造方法，而且属于高科技产品，一般民间兽医不能制造，但作为一项科技信息，说明小小的鸡蛋大有可为，更加激励我们热爱畜牧兽医事业。

根据生产保健蛋的原理，我国中药中有多种含有抗癌物质。如鸦胆子、半边莲、半枝莲、白花蛇舌草、龙葵等多种中药对食道癌、肺癌、肝癌、胃癌、宫颈癌等都有治疗作用。这些优势按照我国中医原理与药理药性，经过试验，将会有更多的抗癌药疗蛋生产出来，占据国内外市场。

（五）最近神丹公司率先推出“保洁蛋”

目前国内销售的散装鸡蛋，大多没有清洁处理就直接上市。据有关介绍，鸡蛋在生产中会沾染鸡粪杂物；沙门氏菌、大肠杆菌及一些病毒可能通过蛋壳表面的残留进行传播，危害人类健康。

1970年，美国国会就审议批准《蛋制品检查法》，将表面污浊的鸡蛋列为“脏蛋”，并禁止“脏蛋”上市销售。国际上流行的蛋品安全管理办法，就是对蛋品进行干燥、紫外线消毒和涂油保鲜等处理，成为“保洁蛋”后再上市。

早在2005年，湖北神丹公司就率先引进世界先进加工设备，通过清洗干燥、紫外线杀菌、涂油保鲜、剔除散黄、剔除裂纹、称重分级、喷码包装等八道工序严格把关，对鸡蛋做保洁处理，在国内首家推出“保洁蛋”。

凭借优良的品质，“神丹保洁蛋”进入全国各大超市，受到高端鸡蛋消费者的欢迎，并成为麦当劳、肯德基两大洋快餐店的供应产品。

第七章 肉鸡的饲养与管理

一、肉雏鸡和育肥鸡饲养管理

（一）流水式饲养肉鸡技术

全进全出饲养肉鸡。即育雏、育肥分开饲养，既能加快肉鸡的周转批次，又能提高鸡舍的利用率。试验表明，此法饲养肉鸡每年可出栏 8 批，而育雏、育肥同舍饲养，年出栏肉鸡只有 4 批，经济效益相差 1 倍左右。

1. 育雏 用 2%的火碱水喷洒育雏室 1 遍，然后用喷灯对墙壁、地面进行消毒，关闭门窗 7 天后，将室温调至 32～35℃即可进育雏室饲养（每平方米 30～35 只）。28 日龄可转群，立即清扫室内的垫料，按每平方米用甲醛 14 毫升、高锰酸钾 7 克烟熏后，重新进雏饲养。

2. 育肥 育肥室提前一周用生石灰水、高锰酸钾等进行严格消毒，铺设 10～15 厘米厚的麦秸、锯末等垫料，然后转进雏鸡育肥。饲养密度每平方米 14～16 只为宜，光照每天不少于 18 小时。到 50～58 日龄时，公、母鸡体重可达 2 千克以上，此时应及时出栏，重新放第二批雏鸡育肥。

（二）肉雏仔鸡的饲养方法

秋季气候适宜，饲料充足，是饲养肉雏仔鸡的好时机。肉雏仔鸡出栏周期短（56 天），经济效益比较高。其饲养技术如下。

1. 鸡舍的准备 雏鸡每平方米可饲养 25～30 只。要彻底清扫鸡舍，用清水冲刷晾干后，可先用 2%的火碱或 0.15%的新洁尔灭和 1∶800 的威岛牌消毒剂，对房顶、内壁、地面进行彻底消毒。然后将饮具、食具等设备消毒，铺上垫料（5 厘米厚），密封门窗，每立方米空间用30毫升福尔马林配15克高锰酸钾熏蒸消毒24时后，再开门窗晾48小时，就可进鸡了。

2. 饲料配方

(1) 1～4周龄 玉米61%、麸皮3%、松针粉2%、棉籽饼4.5%、豆饼16%、肉骨粉4%、血粉7.5%、骨粉0.5%，贝壳粉1.2%、食盐0.3%、添加剂适量。

(2) 5周龄以上 玉米67%、豆饼18%、鱼粉8%、草粉5%、骨粉1%、食盐0.3%、石粉0.7%、添加剂适量。在配合使用的过程中，也可根据肉仔鸡的情况进行适当调整。

3. 饲养与管理 为了便于管理，可将雏鸡分成若干小圈(每300～500只为宜)。这样不仅使雏鸡发育均匀，而且出售时便于捉拿鸡只。

(1) 饮水 鸡入舍后，应先让鸡饮水，待饮水2～3个小时后喂料。为使每只鸡都先喝到水，最好逐只把鸡抓起，将鸡嘴浸入盘中，让它们喝上1～2次，在饮水中适当添加高锰酸钾等消毒药品。

(2) 喂料 1～15日龄雏鸡每天喂料8次，每隔2.5～3小时喂1次。如果喂颗粒饲料，最好每天喂5～6次，不能少于4次。这样可刺激雏鸡食欲，减少饲料浪费。15～56日龄鸡，每天喂料3～4次。少给勤添，吃饱吃足。在最初5～7日龄时，食槽可用塑料布或饲料盘，每10～60只雏鸡一个料盘，料吃完后将料盘收起，下次喂料再用。7～8日龄时，把料盘撤出，改用料槽或吊桶，每只鸡的槽位不能少于5厘米，到后期最好是每只鸡7厘米左右。

(3) 温度 雏鸡出壳后体温较低，绒毛稀少，当外界温度低于体温时，易发病死亡。所以，必须给予雏鸡适宜的环境温度。还要保持适宜的密度、湿度及合理的光照时间。

(4) 垫料 肉仔鸡一生不上栖架，采食后喜欢卧伏时，70%的体重由胸部支撑。为了防止胸部与坚硬的地面接触发生囊肿，地面散养时必须铺设垫料、常用的垫料有锯末、刨花、稻壳等。

二、肉用鸡的饲养与管理

（一）养好肉鸡的关键技术

在肉鸡生产中，出栏体重和成活率是衡量肉鸡饲养效果的主要指标，因此如何加快肉鸡增重和提高全期成活率是养好肉鸡的关键，当前肉鸡饲养户应重点抓好以下几点。

1. 分群饲养　大群饲养，所有的鸡不可能长得一样。必然会出现一些个体较小、体质较弱的鸡。为了确保育肥的效率，必须做好大小强弱的分群工作。一般选择1千克以上的鸡作为育肥鸡，将1千克以下的鸡清除来另外饲养。对于患病的鸡也要清除，待病愈后再行催肥。

2. 调整密度　育肥鸡群密度不能太大，否则容易产生落脚鸡，造成鸡与鸡之间不时相互挤压，采食不均匀，生产力降低。一般以每平方米养8只为佳。在条件较好的情况下，也不能超过8只。

3. 通风换气　育肥鸡要求在短时期内肌肉丰满和脂肪积聚，鸡体抗病力将因此而大大减弱。随着代谢作用的加强，鸡舍的空气要求不断更新，以确保鸡群的健康生长。备有通气设备的应充分利用，没有通气设备的可打开上部的前后小窗，利用空气对流换气，保持清洁。随着鸡生长发育进程的加快，排泄物也会不断增多，因此必须及时清除地面粪便，减少病菌增殖和传染。不论什么垫料，都要勤换勤晒，保持清洁干燥，阴雨时节应加厚地面吸湿垫料。食槽和水槽要经常洗刷，定期消毒。

4. 合理光照，控制温度　育肥必须配备照明设备，通宵开灯补饲，保证群体采食均匀、饮水正常，以利消化吸收和发育整齐。夜间开灯还能防止兽害，避免鸡惊恐不安。鸡的体温较高，很不耐热，气温较高时应做好防暑降温工作，使室温保持在22～28℃的范围内。在做好通风换气工作的前提下，还应注意作好遮阳，必要时可在屋顶喷水和开启动力风扇。

5. 丰富饲料　在创造良好环境的基础上，使鸡吃饱、吃好、少动、多眠，是促进长膘的决定性因素。育肥要求少喂青料、多喂含淀粉多的饲料，尽量多喂玉米、碎米或小麦等谷类饲料。粉料颗粒要粗，后期可完全喂给颗粒料。对于体壮、骨骼很大、但体膘不肥的鸡，可以应用植物油育肥。开始先在食料中加入2%～3%植物油，以后逐步加至5%～8%。饲料注意营养平衡，不要突然调换品种，更不能随意降低饲料质量。

（二）肉鸡的育肥技术

肉用鸡生长快，饲养期短，十周左右就能上市。上市的鸡不仅有一定的体重，还要有相当的肥度，以保持较高的屠宰率和肉质细嫩多汁。因此，必须在有限的时间内，抓好育肥和管理工作。

1. 选养健康雏鸡 在引种时必须严把质量关，确保种源可靠、鸡种纯正、鸡体健康，切不可贪图便宜购进不健康的雏鸡。

2. 选用全价颗粒料 使用全价颗粒饲料，既能满足肉鸡各方面的营养需要，又能提高饲料报酬率，减少饲料浪费。注意要从信誉好、品牌对、质量有保证的饲料厂家购进全价颗粒饲料。

3. 科学饲养 肉鸡在不同的生长时期，所需要的营养和饲养管理条件不同。育雏期（0～3周龄）的饲养目标是各周龄体重适时达标。有资料表明，鸡1周龄体重比标准体重少1克，出栏体重将少10～15克。为了让1周龄末的体重达标，第一周要喂给高能高蛋白日粮，每千克饲料的能量不能低于13.37兆焦，蛋白质含量应为22%～23%，可在日粮中按每百只肉鸡添加蛋黄4个、奶粉100克，并用速补-14饮水1周。2～3周龄适当限制饲喂，防止体重超标，以降低腹水症、猝死症和腿病的发生率，此期饲料中蛋白质含量不能低于21%，每千克饲料的能量为12.46～13.37兆焦。中鸡期（4～6周龄）是骨架成形阶段，饲养的重点是提供营养平衡的全价日粮，此期千克饲料的能量维持在13.38兆焦左右。育肥期（6周龄至出栏）为加快增重要提高饲料中的能量水平，可在日粮中添加1%～5%的动物油，粗蛋白质含量可降为17%～18%。

4. 严格管理 首先要提供适宜的温度和湿度。适宜的温度

是养好肉鸡的关键，能提高肉鸡成活率的适宜温度程序：1～3日龄33～35℃，4～7日龄32℃，第2周29～32℃，第3周26～29℃，4周龄后18～25℃。适当的湿度有利于肉鸡健康生长，相对湿度以0～2周龄65％～70％为宜，3周龄以55％～60％为宜。实行低密度饲养，目的在于提高肉鸡的均匀度和出栏率，推荐每平方米饲养密度为第1周30～40只，第2周20～30只，第3周15～20只，第四周10～15只，5周龄后6～10只。为了降低猝死症、腹水症和腿症的发生率，中鸡期应适当限制光照，其程序为1～3日龄24小时，4～6日龄23小时，7～42日龄16小时，43日龄至出栏23小时。加强通风换气，防止舍内有害气体超标，影响肉鸡生长发育，这一点在冬季尤为重要。垫料要保持干燥、清洁、卫生，如潮结、发霉应及时更换。

5. 预防鸡病 肉鸡生产周期短，养鸡户必须重视日常疾病的预防，牢固树立“防重于治”的思想，做好预防工作。严格执行全进全出的饲养制度，防止交叉感染；采用合理的免疫程序和用药程序，重点控制鸡新城疫、传染性法氏囊炎、传染性支气管炎、慢性呼吸道病、白痢病、球虫病、大肠杆菌病等疾病；做好环境卫生，经常用百毒杀等对鸡舍消毒，切断传播途径；强化饲养管理，提高鸡体抗病能力。

（三）夏秋季节饲养肉鸡的关键

肉鸡适宜生长的温度范围是18～24℃，夏秋高温季节，肉鸡舍内气温往往超过24℃。夏秋季节饲养肉鸡关键点如下。

1. 日粮营养的调整 肉鸡在高温环境下减少食量，饲料利用率也随之降低，因而应对鸡的日粮营养组织进行适当调整。为保持鸡体内的酸碱平衡，改善热应激对鸡的生产性能的影响，可在日粮或饮用水中添加碳酸氢钠、氯化铵、氯化钾等添加剂。炎热时，补充0.02％～0.04％的维生素C，可明显减轻炎热天气对肉鸡的影响，提高生产性能。夏天鸡的食欲减弱，饲喂时间可改在早晚凉爽时进行，中午可喂给西瓜皮、块根类青绿多汁饲料，但要注意保证鸡群有足够的休息时间。

2. 应激的处理 避免或降低高温等因素引起肉鸡的应激反应，可在饲料或饮水中添加一些有防治作用的药物。如在饲料中添加0.1%的镇静剂氯丙嗪，可降低肉鸡基础代谢和产热量，有利于维护热平衡，提高饲料转化率和增重速度，在饲料中添加0.25%的柠檬酸，可缓冲肉鸡在热应激状态下的日增重；在饲料中添加0.5%的阿司匹林，可显著地减轻热应激，提高生产性能。

3. 环境的改善 为给肉鸡创造一个良好的环境，应减少辐射热和反射热，加大换气量，降低温度和有害气体浓度。鸡舍建筑不能太低，屋顶高应在5米左右，多设窗户或通气孔；屋顶设置隔热层，同时，安装高速风扇或吊扇等防暑降温设备。鸡舍周围地面最好种植草皮、蔬菜或藤蔓类植物。鸡舍内温度超过32℃以上时，天气干燥地区可在通风口设置水帘或喷雾旋转器，向屋顶、地面和鸡体喷洒凉水。

4. 饲养管理 夏秋饲养肉鸡要适当降低饲养密度，减少产热量。要设置足够的栏位和水位，保证每只鸡都要吃到料，保证供给充足、清洁的饮水，对水槽要每天刷洗消毒一次，保持鸡舍内外排水畅通。舍内清洁干燥，要严格执行卫生防疫制度，按免疫程序接种疫苗，注意消灭蚊蝇等害虫。加强对鸡群的观察，发现异常情况及时采取相应措施。

（四）冬季预防肉鸡缺氧的方法

1. 加强舍内通风 鸡舍内空气要新鲜，鸡就爱长，发育得好。由于鸡的体温高，呼吸的气体数量比哺乳动物大2倍多，所需要的氧气多。解决的办法只有加强鸡舍内的通风，才能保证有足够的新鲜空气，鸡就活泼健壮，少生病。通风就等于充氧。一般2～3小时通风一次，每次20～30分钟。通风前要提高舍温，并注意通风时风不直接吹到鸡体，防止鸡伤风而发病。

2. 降低饲养密度 肉鸡一般都是大群饲养，鸡群大、数量多，鸡在高密度饲养条件下，会使空气中氧气不足，二氧化碳增高。特别在高温育雏和鸡多湿度大时，长期缺乏新鲜空气常会造成雏鸡衰弱多病，死亡率增加。在饲养密度高的鸡舍里，空气传

染病的机会增多，特别含氨量高时，常会诱发呼吸道疾病。因此，要降低饲养密度，每平方米可养9只1.5千克左右的鸡，如用网上饲养，密度可增加一倍。

3. 注意保温方法　有些饲养场只强调保温，而忽视通风，把门窗紧闭，又不定时通风，造成鸡舍严重缺氧，常发生二氧化碳中毒。特别在用煤炉保温时，火炉有时跑烟或倒烟，更容易发生煤气中毒。即使正常取暖，也会和鸡争氧气，容易发生一氧化碳中毒，要特别注意。最好把炉灶砌在舍外的门洞里，可有效避免有害气体的毒害。

4. 防止应激　鸡神经敏感，胆小怕惊，任何新的声音、颜色、不熟悉的动作和物品的突然出现，都会引起鸡不安、惊叫，甚至惊群、炸群或逃跑等一系列反常的有害应激，会消耗鸡大量体能，增加鸡的耗氧量，对鸡的生长发育和增重更有害。所以，必须保持肉鸡正常有序的生活规律，保持鸡舍的安静和稳定，以减少各种应激带来的损失，这正是今天现代商品化肉鸡高效生产所必需的，不可忽视。

（五）公鸡药物阉割技术

公鸡用手术阉割，技术复杂，对操作者的技术要求高。一时不注意会留下后遗症或造成公鸡死亡。

公鸡阉割后，睾丸被摘除，性机能丧失，改变了好动不好静的习性，便于管理，育肥效果好，增重快，一般月增产可达0.5～1.0千克，而且肉质细嫩、鲜美。

这里介绍一种中草药阉鸡法：250克体重的鸡，每只喂白胡椒、五味子各10粒；体重500克的鸡每只喂白胡椒、五味子各15粒；再大的鸡可按比例增加药量。喂药时不必将药研碎，扒开鸡嘴将药粒放入，让鸡吞下去即可。一天分几次喂完。此法简便易行、成本低，平均每只鸡只需花七八分钱。

白胡椒和五味子有影响雄鸡睾丸内分泌、改变雄鸡性征和性情的作用。喂药后雄鸡啄食和活动自然，毛羽滑润，而鸡冠缩小，不叫，不交配，生长快，宰杀后肉质肥厚。

三、肉鸡“三段”高效饲养法

目前，养殖户普遍采用的肉鸡饲养法是不限饲、昼夜给光，结果造成其生长中后期容易发生各种代谢性疾病，如腹水症、猝死症、腿病等。为预防这些疾病的发生，饲养户盲目地在饮料中添加药物，不但使出栏鸡体内有药物残留，而且增加了饲养成本。笔者根据多年的生产实践，按阶段对肉鸡进行区别饲养，收到了很好的效果。

1. 0～14日龄 在出壳后的最初几天，给雏鸡供应高质量的饮水，如5%的葡萄糖+超强多维+高效低毒抗菌药，并供给体积小、易消化的全价配合饲料，做到少喂勤添。第1天可采用24小时光照，光照强度为每平方米4瓦，以后逐渐缩短光照时间，并最终过渡到与自然光照时间一致。实行这种先渐减而后渐增的光照制度可在一定程度上促进雏鸡的内脏器官发育和骨骼钙化，使其健康状况良好，疾病发生率降低。

2. 10～35日龄 根据肉鸡的生长状况，适当加大饲料的体积，以降低饲料中能量和粗蛋白质的浓度，一般可降低10%左右，但饲料中的各种维生素、微量元素和矿物质要按标准或略高于标准供给。每天定时饲喂3次，要注意加强肉鸡运动，如可在晚上用竹竿轻轻驱赶肉鸡或适当增加舍内的光照强度，以减轻体重对其胸部造成的压力，减少疾病发生。

3. 36日龄至出栏 使用优质饲料进行短期育肥，配制饲料时应注意以下几点。

（1）原料多样化和低纤维化。

（2）在饲料中添加3%～5%的动植物油脂，以提高日粮的能量水平。

（3）尽量用颗粒料饲喂，饲喂次数由原来的每天3次增加到每天5次，也可全天供料，让鸡群自由采食。

（4）调整饲养密度。饲养密度过大，不仅限制采食、影响休息，使鸡生长发育不均匀，而且还会造成舍内空气污浊，环境卫

生恶化，从而诱发多种疾病。一般情况下，肉鸡冬天的饲养密度为12～15只/米^2，夏天的饲养密度为5～10只/米^2。另外，还要注意加强鸡舍通风，保持舍内空气新鲜和温、湿度适宜，温度以18℃左右为宜，相对湿度以55%为宜。

四、养好肉鸡有要求

（一）肉鸡饲养对环境要求严格

饲养者只有为其创造了舒适的生活环境，才能最大限度地发挥其生产潜力，减少疾病，取得满意的养殖经济效果。现介绍几个方面的要求。

1. 温度要求　温度是肉鸡正常生长发育的首要条件，特别是与雏鸡的体温调节、活动、采食、饮水、饲料的消化吸收、抗病能力等有密切的关系。初生雏鸡御寒能力及恒定自身体温的能力差。所以，初生雏鸡环境温度可适应性面小，并有特殊要求。温度过低，体温散热能力加快，抱团扎堆，不爱采食和活动，不但影响生长与发育，并有诱发鸡白痢、腹水综合征等疾病，会出现很高的死亡率；温度过高，影响雏鸡的正常新陈代谢，呼吸急促，食欲减退，活动减少，极易造成脱水死亡和多种疾病的发生。

正常情况下，刚出壳的肉鸡适宜的温度范围为33～35℃，以后每周根据雏鸡的生长发育，气温可下降2～3℃，直到18～24℃为止，肉用仔鸡各日龄温度变化参考见表7-1。

表7-1　肉用仔鸡各日龄温度变化参考　　单位℃

保温伞育雏	保温伞温度	雏鸡舍温度	直接育雏
1～3日龄	33～35	17～29	33～35
4～7日龄	30～32	27	31～33
14～20日龄	28～30	24	29～31
21～27日龄	26～28	22	27～29
28～34日龄	24～26	20	21～24
35日龄以后	21～24	18	22～24

观察鸡群，若扎堆拥挤一团，说明室内温度太低，应尽快升温。可通过增加火炉或热风炉加温，或密封鸡舍窗户、增加棉门帘和加盖草苫等，以达到保温的目的。

若鸡狂暴不安、张口呼吸，说明室内温度太高，应打开窗户、排风扇或天窗，或在鸡舍屋顶喷水或鸡舍内喷雾的方法来达到降温的目的。

育成鸡据资料报道，育成期环境温度为18～19℃时，肉鸡的生长速度最快，25℃时饲料转化率最高。所以，育肥期的环境温度控制在21℃最好，因为在此温度下肉鸡饲料转化率和生长速度都比较理想。冬季饲养肉鸡时，供暖会增加开支，就整个生产效益来说，因增温来提高饲料转化率是合算的。

2. 通风换气 肉用仔鸡饲养密度大、新陈代谢旺盛、生长发育快，保持鸡舍空气新鲜是养好肉鸡的重要条件。其中要求氨气的浓度不超过20微克/升，硫化氢浓度不超过5微克/升，二氧化碳浓度不超过0.25％。

开放式鸡舍利用自然通风换气，主要靠开闭门窗、通风等。要根据肉仔鸡的密度和日龄大小、风力大小、有害气体的浓度等，决定开关门窗的次数、角度和时间长短，从而达到既保持室内空气新鲜，又能保持室内温度，空气新鲜又能减少肉鸡腹水症的发生。密封式鸡舍可开启排风扇进行通风换气。

3. 光照标准 肉用仔鸡采用的光照方法有两种，各有利弊，一种是连续光照法，即白天利用自然光照，夜间开灯照明。此法鸡群采食均匀，鸡群整齐度好。夜间开灯可防鼠害、不惊群。缺点是耗电多，肉用仔鸡易发猝死症。另一种是间歇光照法。不同地区也有差异：①每天光照23小时，黑暗1小时。此法是为了使雏鸡适应黑暗环境，以防止出现照明故障时鸡发生惊群，此法可防止意外，又不影响肉鸡的生长，因此多数养鸡户采用此法；②进雏后前3天采取24小时光照，4日龄后每天光照18小时，黑暗6小时。此法可使肉鸡有充足的休息时间，饲料利用率高，肉鸡生长速度适当，可大大降低肉鸡腹水症及猝死症的发病率。

③育雏第1周采用23小时光照，1小时黑暗，从第2周开始实行间歇照明，即开灯喂料，鸡在采食及饮水后熄灯休息。采用此法要注意每次开灯要使鸡有足够的采食时间，防止因间断照明而影响采食量，导致鸡群生长发育不均匀，弱雏增加。

4. 按时开食和饮水　育雏每天喂食6～8次，中后期4次，给食的数量以一次能吃完不剩为好，可增强食欲，促进消化吸收，饮水要保证清洁充足，其自由饮水不加限制。

5. 垫料方法　垫料给地面平养的肉鸡提供了较软的伏卧地面，防止胸部囊肿，减少因直接伏卧于水泥地面而使鸡体热散失，更重要的是能吸收排泄物的水分，防止地面过于潮湿，并在肉鸡活动中，将粪便覆盖在垫料底下，避免直接暴露，预防球虫病的发生。

地面平养肉鸡，在垫料使用上有两种方法，各有利弊，不同季节可以根据情况选用。

（1）厚垫料法　鸡雏先在地面铺一层厚的垫料，以后只清除被严重污染和过于潮湿的垫料。

（2）换垫料法　在进雏前铺一层垫料，平时注意清除污染严重和潮湿的垫料，换上新垫料。如果垫料太脏，就将所有垫料清除。必要时，对地面进行消毒，然后重新铺上新垫料。

6. 密度安排　一般育雏舍每平方米30～40只，30日龄后分笼时每平方米减半，35～40日龄时再分一次笼，每平方米10～12只。密度太大，鸡生长受阻，容易发病；密度太小，饲养成本高，所以养鸡的密度要适当。

（二）如何提高肉鸡商品合格率

良好的生长发育和干净的外观是提高商品肉鸡价值的关键。但肉鸡在生产过程中，因为饲料、管理、疾病等因素常会使少部分肉鸡成为残次品，这些残次品既无商业价值，又白消耗人工、时间、饲料等，可以说残次品造成的损失比早期死亡要大很多。这里重点分析一下因为疾病造成的后果与预防措施。

在集约化肉鸡生产中，防止和减少各种疾病是提高肉鸡屠宰合格率的重要方法。

1. 首先要剔除病弱雏鸡和僵鸡。

2. 胸囊肿 系因龙骨部位表皮受到刺激或压迫而出现的囊组织肿大，其中含有黏稠澄清的渗出物，颜色随症状的加剧而加深，直至变黑，降低了肉鸡的经济价值。

羽毛生长的状况、覆盖度，龙骨的形状等与胸囊肿发生率高低有关。

减少胸囊肿的办法包括：①勿使肉用仔鸡对外开放长期处于伏卧状态，体重的70%由胸部来支撑，而一昼夜的伏卧时间占60%～75%，所以，生长快、日龄大、胸部肌肉越丰满的，胸部受压越大，发病率也就越高。为此，在生产中可增加给料时间和适当喂干粉料，加以预防。②保持垫料干燥、松软。麦秸、稻草、花生壳、刨花和锯末均可用作垫料，厚度一般为5～10厘米，其含水量为40%～50%时，比21%～26%时胸囊肿的发生率显著升高。要每隔2～3天轻轻挑起垫料并抖动，使积粪落到下面，上面保持松软干燥，防止潮湿板结。如果有条件，可公、母鸡分开喂养。公鸡胸囊肿比母鸡严重，垫料更要加厚一些。平时舍内要注意排湿，勿使供水设备和管道漏水，垫料不宜过于细碎，以防潮湿和板结。对肉鸡而言，尽可能不使用栖架。③整个饲养期都实行笼养或在金属网床上饲养的，笼底、网床上面要加一层弹性塑料网片。无此条件的，在鸡体重1.5千克时要注意观察囊肿发生的情况。④加强对腿病的预防，使其正常活动，不经常伏卧，对于减少、减轻胸囊肿也是至关重要的。

3. 挫伤 由于摩擦或冲撞而引起的肉用仔鸡肤体的变色或损伤，使屠体降低等级。研究表明，鸡舍内发生的挫伤占总数的30%左右。为防止挫伤，要定期调整料槽的高度，使其边缘高于鸡背约2厘米。降低照明亮度，采用筒状料槽，抓鸡前移走或升高所有的设备，均能显著减少挫伤的发生。

4. 骨折 笼养肉用仔鸡骨骼的强度比平养鸡要低，其胫骨强度也比养于网状地面的要低，故笼养鸡骨折的发生率较高。

为了减少鸡挫伤与骨折，在抓鸡、装笼与卸车时，对笼养鸡一定要轻提轻放，在运输过程中要注意防止颠簸和急刹车。

5. 软腿症　此症并非一种独立的疾病，而是由于关节、肌肉或腿发生异常造成的。一般自2周龄开始发生，4周龄大量出现。开始时腿呈X形或O形弯曲，症状加剧后，起身逐渐困难，用膝行走，严重影响采食。软腿症还易导致胸囊肿的发生。

治疗方法一是：乳酸钙0.4克或骨粉20克饲喂，每天2次。方法二是：鱼肝油丸每天1粒，连用5～7天。治愈率可达98%。

6. 肉鸡瘫痪　本病也是一种多发病、常见病，主要原因是钙、磷不平衡，缺乏维生素D_2，缺锰。马立克氏病、病毒性关节炎和传染性脑脊髓炎都可引起肉鸡瘫痪。保证饲料的营养平衡，做好消毒卫生和预防接种，是控制肉鸡瘫痪的关键。

（三）控制肉鸡的药物残留的措施

药物残留是肉鸡生产中一项非常难解决的问题，我国近几年肉鸡出口受阻，其根本原因是药物残留不符合进口国标准。这里的“药物”是指兽药（抗生素、抗球虫药、饲料添加剂）、农药（杀虫剂、灭鼠剂等），以及其他的化学物质。肉鸡饲养者对所使用的药物及化学物质在肉鸡体内产生的药物残留知之甚少，有的出于经济利益的考虑，不按照标准添加药物。当药品和化学物质随饲料、饮水进入鸡体，或从空气中被鸡吸入，鸡体就会有残留产生。因此必须采用良好的饲养管理规范，在生产中的各个方面来控制药物残留的发生。

1. 兽药残留及其危害　兽药残留是指兽药在畜禽产品中的残留。不遵守休药期规定，造成药物在动物体内大量蓄积，产品中的残留药物超标，或出现不应有的残留药物，会对人体造成潜在的危害。一是致畸、致突变和致癌作用。丙咪唑类抗球虫药残留对人体最大的潜在危害是致畸作用和致突变作用。砷制剂、喹恶啉类药物都已证明有“三致”作用。二是激素（样）作用。兽用激素类药物残留，会影响人体正常的激素水平，并有一定的致癌性，可表现为儿童早熟、儿童异性化倾向等，使人出现头痛、心动过速、狂躁不安、血压下降等症状。三是过敏反应。常引起人过敏反应的药物主要有青霉素、四环素类、磺胺类等药物。肉鸡中如果含有青霉素或磺胺类药物，可使人发生不同程度的过敏反应。四是环境污染。兽药及其代谢产物通过粪便、尿等进入环境，被环境中的生物富集，然后进入食物链，同样危害人类健康。现在，兽药残留在国内外已经成为社会关注的公共卫生问题，严重影响了我国动物产品的出口。

2. 医食同源，病从口入 从饲料中控制有害物质十分重要。

（1）饲料及饲料添加剂内含进口国禁止使用的药物（如多种磺胺类药物、喹乙醇等）和抗球虫药（如克球酚、球虫净等）。

（2）加药饲料和非加药饲料不可混放。肉鸡生产的末期应不含药物，因此，各个时期的饲料不可混放在一起，以免误用而造成药残。末期料至少要在肉鸡宰杀前7天停用。因此，更换末期料时要先彻底清除非末期饲料，并清洗料桶、食槽等及其他有关设备。

（3）防止饲料受潮霉变。饲养单位和饲养户存放饲料时要格外小心。贮藏时要选择干燥通风的场所，并经常检查（如夏季多雨季节）。不允许将饲料、药品与消毒药、灭鼠药、灭蝇药或其他化学药物堆放在一起。尽量保持卫生干净，不要有苍蝇、老鼠等。用霉变的饲料饲喂肉鸡可引起肉鸡疾病，并招致有害毒素残留。

（4）国内饲养单位和饲养户常选择塑料制品作料桶、塑料食槽，其塑料制品须无毒、无害、无药残。

3. 从鸡的饮水中控制有害药物 养殖中常通过饮水中掺入部分药物治疗与预防疾病，这是常见的方法。

（1）鸡的饮用水不仅要检测微生物含量，还要检测有害物质的含量（国内的肉鸡饲养单位和饲养户几乎做不到这一点）。细菌含量超标的水源尚可通过消毒措施挽救，而有害物质超标的水源只能废弃。

（2）肉鸡生产中常用的药品使用时，不仅要考虑其有效性，也必须检测其药残含量。

塑料饮水器必须无毒、无害、无药残。否则，某些可溶性化学毒物微量溶于水，也可引起肉鸡慢性中毒或出现药残。

4. 严格执行休药期是控制有害残留的关键　新修订的《兽药管理条例》已于2004年年底实施，结合本地实际，转变管理观念，按照以人为本的理念，以保证食品安全为中心，严格执行养鸡用药的休药期，不会对人体造成危害。据美国食品药物管理局调查，不遵守休药期是药物残留超标的主要原因。在动物生产应用抗生素药物残留中，不执行休药期的占76%，不管动物用药还是饲料添加剂都要在无残留的允许范围内应用，才能保证肉鸡食用安全。

（1）根据鸡只健康情况和抗体监测制订合理的免疫程序，从而控制各种疾病的发生，减少用药量。

（2）使用的一切药品，包括抗球虫药、抗生素、消毒药，都必须经实验室药残分析，绝不允许含有进口国规定的药品，如克球酚等。

（3）加强技术服务力度和用药管理。通过对药残危害性的宣传教育，使每个肉鸡饲养单位和饲养户了解擅自滥用药物的害处和严重后果。兽医技术人员应经常检查鸡群的用药实际情况，发现问题，及时解决，防止私自用药。

饲料单位和饲养户擅自滥用药物的，特别是出口肉鸡的公司，应在合同中作为一项最重要的条款注明。

5. 鸡病治疗和预防　中草药制剂、微生物制剂、酶制剂等很多，种类齐全，均是天然物质，不良反应小，价格低廉。应用中药既能标本兼治，药到病除，又不会产生耐药性，更不会有有害残留超标，它是鸡产品食用安全的保证。

6. 规范兽药的使用行为　彻底走出发病滥用药、长期围绕药字转的怪圈。处方药一定要在兽医或科技人员的指导下使用，切忌仅凭一知半解盲目用药。使用非处方药和饲料药物添加剂时，一定要按照标签规定。要按剂量用药；要按用药途径使用。用药一定要有记录。记录本身虽然做起来是一件麻烦的事，但对于加强饲养管理、节约成本、积累经验、识别药物效果具有指导作用。不能因为害怕病害而忽视休药期，实行休药期制度不仅是科技活动，也是法律的规定；不仅是防治动物疾病的需要，也是保障食品安全的需要，是一件严肃的事情，不能随意而为之。

（四）怎样提高肉鸡的风味

目前，广大消费者对国内市场的肉鸡风味不佳众说纷纭，把肉鸡叫“洋鸡”或者是“饲料鸡”，把肉鸡饲养中存在的问题归结到饲料上。意思是说现在养的肉鸡普遍应用配合饲料，而这种饲料添加了各种添加剂，这些添加剂都具有化学成分。某些化学药物和添加剂，还会引起有害残留超标，危害人体健康。这种情况也确实存在，所以肉鸡长得快、不好吃。其实这种认识有一定道理，但并不全面。肉鸡风味不佳，原因是多方面的，以下几方面的原因是可以肯定的。

1. 肉鸡风味不佳的主要原因

（1）饲养方式的弊病，鸡在家养之前是野生在广阔的大自然中的动物之一，具有“飞禽走兽”之称。自古以来，它的生活习性是野生野长，生活自由自在。每天它们活跃在山区、旷野、庄田、隙地、森林等地，它的生存主要靠草籽、昆虫、野菜、牧草、腐叶土等，从而生存和产蛋繁衍后代，这是它们的原始本性。

俗语说：“猪往前拱，鸡往后刨”，各有各的本领，这是对鸡饲养中的生活习性的真实写照。它们每天到处奔跑，不断地腿蹬脚刨，就是在寻找其营养需求，寻找矿物质、微量元素、砂粒、玻璃碎粒、具有适口性的腐叶土或者昆虫等。在散养鸡中根本没有营养全面的饲料，广大农民普遍是有啥喂啥。它们各处奔跑，自寻需求、自由交配、产蛋和自由繁衍后代，不受任何限制，营养基本上不缺乏，所以，采用这种方式养鸡，不论肉鸡、蛋鸡都质量很好，香味浓郁，味道可口。

后来，人们为了追求高效益，首先从国外发达国家引进新的饲养方式，实施笼养、网养、平养，使养鸡的经济效益大幅度上升。这种养殖方式确实生产效率高，现在我国养鸡90%都采用这种饲养方式，散养方式基本很少。但这种养殖方式问题较多，首先是鸡的生存环境，生态平衡遭到严重破坏。因此，肉鸡根本吃不到鲜活的东西，鸡肉的风味大不如前。对此，世界养鸡业先进国家对这种不良现象的认识比我国还早，在20世纪90年代早期，瑞典提出了禁止所有产蛋鸡的笼养；1994年荷兰政府禁止了产蛋鸡的笼养计划；1999年欧盟发布了保护蛋鸡最低标准的新措施，从2002年起，使用丰富型鸡笼，到2003年起不允许投资新建笼养鸡舍；美国笼养蛋鸡达90%以上，迫于消费者的要求和动物福利饲养提到重要日程的情况下，也在降低蛋鸡养殖密度，并寻求新的饲养方式。中国虽然笼养鸡基本普及，想要改变还需要时间，而且认识才刚刚开始。

（2）饲养时间太长、鸡长得大、不及时出栏上市、肉质差且不耐烂也是一个重要原因。

（3）与鸡的品种也有一些关系，从国外引进快大型肉鸡的遗传因素也影响鸡的风味，中国人不习惯食用。

2. 饲料成分也是一个重要原因　配合饲料经过各国专家长期科研、试验，对鸡生长所需要的营养计算的比较齐全。但是在生产实践中，这些配合饲料仍存在一定问题：一是为了提高蛋白质水平，饲料添加鱼粉、蚕蛹粉、血粉及死牲畜的肉粉，在鸡肉中产生腥味、臭味，影响肉鸡的味道。二是过去必须吃的昆虫、草籽、腐叶土等活性饲料吃不到，断了来源。三是日粮中的胡萝卜素、维生素等按理论计算足够鸡生长需求，但是这些物质很容易发生分离，稳定性太差，保管不善、时间过长有效成分就会自动丧失，造成鸡日粮营养不全，使肉鸡风味不佳。四是后期的饲料蛋白质总量保证在14%，粗脂肪3.8%，粗纤维1.48%，另外加食盐0.5%，多种维生素1.5%。上述配合饲料进食前按每千克拌入土霉素90毫克和维生素B_1 290微克。饲养本地“三黄鸡”，只要在上市前半个月停喂全价饲料，而改用上述配方，不仅增重快、脂肪沉积好，而且明显恢复了土杂鸡原本的风味。事实证明，改变饲料含量和成分，肉鸡风味是可以改善的。

（五）国外在饲料上下工夫，肉类风味得到了改善

德国《星期日图片报》报道，在极其保密的情况下，日本22名自愿者品尝了一种很特殊的烤肉。这种特殊的烤肉就是在鸡、牛和猪还活着的时候，在其饲料中加进了香料，在它们被屠宰之前，日本钟渊食品公司为这些牲畜提供了长达1周时间的死刑前特殊的晚餐。据说在普通的饲料中加了胡椒、辣椒、丁香及肉豆蔻等佐料。

在饲料里加入调料的目的是：不仅使肉吃起来更加香味浓郁，而且还可以延长肉的保鲜期。因此，天然香料有利于肉类的贮藏。钟渊食品公司已经将这种喂养畜禽的方法引入欧洲市场，申请了专利。事实充分证明，饲料的改变完全可以改善肉鸡香味。

（六）国内调整饲料配方、增加肉鸡香味的技术措施

几年来，根据消费者反映和国外试验，全国各地的养殖户和专家研制了很多新饲料配方，对提高肉鸡风味起到了一定的积极作用，现将这些经验介绍给广大读者。

（1）不管是“洋鸡”，还是土杂鸡，只要根据鸡的生理和营养需求，巧妙地配制新型饲料，才能极大地改善肉鸡品质和风味。

养鸡场或养鸡户可将果园中的土壤表面的腐叶土晒干，按鸡配合饲料的70%～80%、青饲料10%～20%、腐叶土5%～10%配制，充分搅拌均匀后作为日粮喂鸡，用这种方法喂养的鸡，其肉质和口感与农家土杂鸡风味相近，蛋鸡产的蛋与农家土杂鸡产蛋相近，蛋黄呈鲜黄色或橘黄色，蛋清浓厚，鸡的消化力和抗病力也显著提高，而且成本下降。

（2）添加调味剂，在育肥肉鸡饲料中添加调味剂可刺激鸡的食欲，大大提高鸡肉品质。配方是干酵母7%，大蒜、大葱各

10%，味精、食盐各 0.5%、姜粉、五香粉、辣椒粉各 3%。在肉鸡出栏前 10～15 天开始，以日粮的 0.2%～0.5%的比例在饲料中加入，经搅拌均匀后，每天早晚各喂 1 次。

（3）添加鸡肉香味剂。鸡的配合饲料大多含有鱼粉，使鸡肉吃起来有明显的鱼腥味。研究证实，大蒜中富含构成鸡肉香味的主要物质。如果在鸡的日粮中添加 1%～2%的鲜大蒜（捣烂成泥）或 0.2%的大蒜粉，不但能去掉鸡肉中的鱼腥味，还会使鸡肉更香，并且对鸡生长无不良影响。

（4）提高鸡肉瘦肉率。在肉用仔鸡饲料中，如果坚持将粗蛋白质控制在 18%的水平，并且使其中的聚磷氨基酸保持在 0.54%，就可使鸡瘦肉增加 8%～10%，商品等级大大提高。

（5）改变鸡的皮肤、脂肪色泽。许多天然着色剂含有较高的氧化萝卜素或叶黄素，如在鸡饲料中添加，可使肉鸡皮肤和脂肪呈金色或橘黄色，令人喜爱，从而提高商品等级。常用的天然着色剂添加量为：苜蓿粉、松针粉、槐叶粉为 5%，红辣椒粉 0.3%，柑橘粉 2%～5%，蚕砂 6%，万寿菊 0.3%，此外，胡萝卜素等在鸡饲料中适当添加，也能改善肉鸡脂肪及蛋壳颜色。

（6）肉鸡饲料中添加紫苏子粉。专家研究证实，紫苏种子中富含的亚麻酸能很好地预防人体动脉硬化。如果在鸡的日粮中掺入 0.5%紫苏种子（粉碎成末），育成鸡每 100 克鸡肉中可含亚麻酸 2.4 克，是一般鸡肉所含亚麻酸的数百倍。这种鸡肉是冠心病、高血压患者的理想保健食品。

（7）鸡类产品的胆固醇含量普遍较高，容易导致食用者的胆固醇摄入过高，而影响人的血浆胆固醇浓度，并影响肉鸡品质和风味。

经试验，在 4 周龄商品代艾维茵肉仔鸡日粮中添加一定数量的降脂添加剂，3 周后肉仔鸡血浆的总胆固醇水平均显著降低，鸡中的总胆固醇和总甘油三酯含量降低了 38%和 48%，但鸡的生长速度不受影响，饲料利用率提高 5%～7%，蛋白质利用率也能提高。

降脂添加剂的降脂作用原理是通过抑制肝脏合成血浆脂肪，

增强脂肪蛋白在肝脏中的代谢，使血液中总胆固醇和甘油三酯含量降低，从而减少肉鸡胆固醇在肌肉中的沉积。

(8) 杜仲叶将其烘干研末作为肉鸡添加剂，可有效降低脂肪和固醇含量，提高肌肉的紧密度，具有土杂鸡诱人的香味和品质，喂其他动物也有同样的效果。

(9) 添加青饲料，在肉鸡日粮配合饲料中添加15%的青贮饲料、5%的青苔或植物秸秆类饲料，可使笼养肉鸡的肉香味与放养味一样，而且可增加笼养鸡的抗病能力。

(10) 添加特殊饲料，除了用玉米、稻谷、米糠、花生麸、砂粒等喂养，保证蛋白质、维生素、矿物质等基本物质供应外，可按需要喂一些特殊饲料，如隔日喂香蕉皮、芭蕉皮等，直到出栏，可使鸡肉鲜嫩、爽口、带有香味。也可隔日投喂野草，如茅草、牛毛草等青饲料直至出栏，可使肉鸡色佳，味道好，具有野味。

(11) 饲料中添加桑叶。在鸡出栏前4周的肉鸡在饲料中添加3%的桑叶粉，能大幅度提高肌肉品质和肉的风味，并能降低鸡舍的空气浓度。

(12) 添加中草药，多种中草药对肉鸡生产具有促进作用，并且增加鸡肉风味。肉鸡饲料添加剂具有显著的促进肉鸡生长的作用。在肉仔鸡饲料中添加由党参、黄芪、苍术、陈皮、大蒜、山楂、神曲、甘草等草药，组成复方添加剂能明显增加肉鸡的生长速度，增强免疫力，改善肉的品质，降低饲养成本。

(13) 添加香味肥鸡散。小茴香30%、沙羌10%、陈皮10%、胡椒5%、甘草5%，粉碎混匀，每只鸡喂1克拌料，可提高肉鸡增重，并改善鸡肉风味。

(14) 添加肥鸡散。肉桂5%、干姜20%、茴香7%、熟黄豆粉6%、硫酸亚铁8%，诸药研末，与硫酸亚铁混匀，每只鸡日喂0.5～1.0克，或按配合饲料的0.5%～1%。日增重可提高25克以上。肉鸡出栏前的2～5周，如果在日粮中添加2%～3%脂肪和0.02%～0.03%升华粉，不但生长速度快，还可以改善肉鸡的风味。

五、三黄鸡育肥经验

育肥后的三黄鸡，肉质细嫩、皮骨脆软、味道鲜美，一般体重在1.25千克以上的鸡或1.5千克以上的阉鸡，都适合育肥。据广西容县的实践，育肥方法如下。

1. 场地选择 无论是群体育肥还是笼养育肥，场地一般选择在避风的地方。群体育肥场地最好是坐北向南、空气新鲜、地面干爽、人畜来往较少且较清静的地方。放养密度每平方米5～10只为宜。

2. 饲料搭配 育肥期合理搭配各种精、青饲料，一般以精料为主。饲料配方（以每百千克计算）：米粉或麦粉或玉米粉40%、鱼粉7%、统糠20%、花生麸12%、黄豆粉10%、木薯粉10%、食盐0.5%，育肥15～30天，鸡的体重可增加250～500克。

3. 喂食调节 鸡上棚育肥后的5天内，先喂稀料，以后逐步调稠。每餐六成饱。7天后达七至八成饱，每天喂3餐，早上7点，中午11点，下午6点，喂后让鸡饮足水。天气炎热时，晚上加喂1餐。每隔5～7天在混合饲料中加喂少许细河沙和贝壳粉1次，以助消化和增强食欲。

4. 防病管理 育肥期要搞好防病卫生管理。为了避免鸡发生肠道疾病，每15只鸡给1克土霉素，混入饲料喂鸡。冷天和风雨天，要随手关棚舍门窗，防止流感或气管炎。饮水要清洁，食具、食槽要经常清洗，鸡舍经常打扫，并定期用澄清石灰水或0.1%的高锰酸钾溶液喷洒消毒。

六、母鸡阉割育肥效果好

云南省建水县畜牧兽医学会对母鸡进行阉割育肥试验获得很好的经济效益。

母鸡很少进行阉割。建水县畜牧兽医学会对公鸡和产蛋率低的淘汰母鸡进行阉割育肥对比。试验表明，在同等饲养条件下，阉割50天后的公鸡，最低日增重8克，最高日增重20克，平均日增重13.53克；阉割50天后的母鸡，最低日增重7克，最高日增重45克，平均日增重21.16克，阉割后的母鸡比公鸡日增重多6.63克。不仅育肥期快、成本低，而且肉嫩味鲜，即使是老母鸡，阉割后也很快肥壮起来，肉质变得鲜嫩可口。

母鸡阉割技术很简单，采取中药制剂的阉割方法，书中另有介绍。

七、肉鸡主要疾病的防治措施

1. 肉仔鸡转群后死亡的原因与控制 据调查统计资料表明，肉鸡转群后，由于日龄不同，其死亡率也不同。一般情况下，1～25日龄平均死亡率为2.9%～3.1%，25～40日龄平均死亡率为3.3%～6.20%，40～56日龄平均死亡率为2.5%～2.9%。由此看来，肉鸡在30日龄以前（体重在1千克左右时），死亡率随日龄的增加而增加，30日龄后死亡率随日龄的增加而逐渐降低。

【发病原因】 转群前期主要是应激反应所至，后期主要是饲养环境条件不良而造成。

（1）转群前期 即25日龄以前，由于育雏室面积小，有保温设备，温度好控制，管理细心，病菌很少繁殖滋生，发病率低，所以死亡率也低。

（2）转群中期 即25～30日龄，由于此期仔鸡刚从育雏室转出，进行大面积饲养，饲养室很少加温甚至不加温，达不到20℃左右的适宜温度，再加之管理上不像前期那么精心而有所松懈，所以死亡率有所上升。

（3）转群后期 即30日龄以后，随着鸡体的增长，抵抗疾病的能力有所增强，正常情况下死亡率有所降低。但是由于此时鸡舍的活动空间相对减少，鸡饮食量增多，排泄量和呼吸作用剧增，使舍内的环境条件急剧下降，如果此时管理跟不上，往往会造成大鸡群发生疾病，使肉鸡的死亡率非但没有降低，反而急剧

上升，甚至造成全群覆灭，这就是有些养鸡户肉鸡转群后期死亡率高的真正原因。

【预防措施】 针对肉鸡饲养中存在的实际问题，主要应采取以下饲养管理措施。

（1）适当延长转群时间　随着肉鸡体重增加，育雏室饲养密度加大，不转群必然影响肉鸡的生长。但如此期加强饲养管理，及时清除育雏室内粪便，适当通风换气，保持室内空气清新，根据实际条件适当延长肉鸡 20～30 日龄然后转群，这样即可大大避免转群应激对肉鸡的影响，同时降低肉鸡育雏期的死亡率。

（2）加强转群管理　肉鸡转群时，由于应激、温度条件改变等因素，常会引发多种疾病。如果此时根据鸡群的具体健康情况在饲料中间歇性的添加 0.1％的氨霉素粉，在饮水中添加适量的庆大霉素，则可有效地控制葡萄球菌、链球菌和大肠杆菌病的发生，大大提高转群肉鸡的成活率。

（3）强化后期管理　肉鸡生长后期，随着鸡体的增大，抗病能力有所增强，但是随着鸡体的增大，室内的环境条件管理难度也加大，广大饲养户就是在这最后的饲养管理期内非但不能松懈，反而要加强管理，严格把好肉鸡饲养的最后一关。

2. 肉鸡应激的控制措施　在肉鸡生产中，肉鸡过快的生长速度，使其对出现的各种应激因素特别敏感。

肉鸡在高温、寒冷、免疫、换料、捕捉等因素刺激下会产生一系列反应，这种反应最先发生在神经及内分泌系统，使其机能紊乱，进而影响新陈代谢免疫、消化和心脑等功能。超过自身机能调节，鸡只能耐受一定程度的应激，但如果应激的发生过于剧烈，超过机体负荷能力，必然会对机体造成损伤。值得注意的是，这种损伤很难表现明显的临床症状，而更多的是以生产性能和抗病力降低等形式出现，具体表现为发育不良、生长迟缓、饲料报酬低、发病率高等，因为很少出现直接的和典型的临床症状，应激反应很容易被人忽视。

（1）加强改善饲养管理，减少应激因素　首先，鸡舍应建在地势较高、通风良好、无噪声的地方。其次，进行疫苗防疫时，可滴眼改为滴鼻，白天进行改为晚上进行。最后，改换饲料时，要有过渡时间。

1）鸡舍的环境条件（如温度、光照等）要保持相对稳定，需要改变时要逐渐增减。天气发生突变时，要及时关好鸡舍的门窗，防止冷风、雨雪进入鸡舍。不要使鸡群长时间处于某些恶劣的环境条件下。

2）鸡群的饲养密度不要过大。地面散养时，每平方米饲养量雏鸡不超过 40 只，成鸡不超过 10 只；网上平养时，每平方米饲养量雏鸡不超过 80 只，成鸡不超过 20 只。

3）按时通风换气，保持每天 1～2 次。

（2）遇到不可避免的应激因素（防疫、转群等），可在应激因素出现前后 2～3 天在饲料或饮水中加入下列药物（任选一种），以减轻或消除应激反应。

红霉素、金毒素等广谱抗生素对防治转群、环境应激有一定效果，可在应激发生前 2 小时以预防量添加。维生素能促进调节机体的新陈代谢，这时鸡对维生素的需要量大幅度增加，饲料中的含量如不能满足其需求，容易导致维生素缺乏症，必须额外添加，见表 7-2。

表 7-2　肉鸡在正常情况下和应激时期维生素推荐量

维生素种类		维生素A（国际单位/千克）	维生素D_3（国际单位/千克）	维生素E（国际单位/千克）	维生素K_4（毫克/千克）	维生素B_2（毫克/千克）	维生素B_3（毫克/千克）	维生素B_5（毫克/千克）	维生素B_{11}（毫克/千克）	维生素B_{12}（毫克/千克）
肉鸡0～8周龄	正常	10 000	550	5	2	4	13	33	1.2	0.01
	应激期	20 000	1 000	20	8	6	20	50	1.5	0.02
肉鸡8周龄以上	正常	5 000	550	2.2	2	4	12	25	0.35	0.006
	应激期	15 000	1 000	20	6	5	20	40	1.0	0.01

由于维生素既可用作适应药，又可用作应激预防药，因此可广泛应用高剂量维生素预防鸡的应激。复合维生素的抗应激作用较明显，如速补应激康、电解多维等，可在应激前和应激发生时添加，量为常用剂量的2～2.5倍。持续高温是一种特殊应激，维生素C能有效缓解热应激，如长期在高温环境下饲养肉鸡，在饲料中添加1×10^{-4}毫克/升的维生素C，不仅能明显降低死亡率，还能增加肉鸡的体重。

（3）中药预防，在高温、多湿环境下，主要是清热解暑，缓解热应激，其配方如下：滑石60克，藿香10克，薄荷10克，佩兰10克，苍术10克，党参15克，双花10克，连翘15克，栀子10克，生石膏60克，甘草10克，研末后，用100目筛子过筛，混匀以1%混入日粮，每天1次，上午10点喂给直到度过炎热天气。

3. 肉鸡猝死综合征与防治措施 肉鸡的生产性能很强，生长速度快，饲料报酬率高，周转快。但是快速的生长使肌体各器官负担加重，特别是3周龄内的肉鸡快速增长，使机体始终处于应激状态，易发生猝死症是造成鸡死亡的重要原因之一。

这种疾病是养鸡中的常见病，尤其以肉用仔鸡突然发病为普遍。使很多养鸡户感到莫名其妙，防不胜防，束手无策。而且该病一年四季均可发生。死亡率在0.5%～5%，其中公鸡死亡数占死亡率的75%～80%，这种初步认定是非传染性疾病。

【发病原因】 该病发生的主要原因比较复杂，发病机理尚未完全搞清。就初步判断和观察，以下几种原因会发生猝死。

（1）营养过剩 多发生于生长发育良好、肥胖的肉仔鸡，体内脂肪蓄积过多，各个器官充盈发达，肝和胃肠增大，机械性地压迫胸腔。当心和肺受到压迫时，影响心脏正常搏动，长期挤压，心脏不堪重荷，肺和气囊丧失气体交换能力超过极限时，心跳骤然停止而死亡。

（2）疾病造成 因感染沙门氏菌而引起肉鸡的败血症性猝死，肉鸡患脂肪肝综合征时，肝脏肿大、质地变脆、很易破裂出血而死亡；患传染性喉气管炎时，喉气管出血，因凝血块梗塞而死亡。

（3）中暑因素　炎热酷暑降温措施不当，超过生理极限时，丧失体温调节功能，引起循环障碍，呼吸中枢麻痹而死亡。

（4）缺硒原因　硒是鸡必需的微量元素，肉鸡的生长发育快，对硒的需求量较大，长期缺乏时，会出现肌肉营养不良、红细胞崩解、胰脏坏死及神经调节障碍，常不表现症状而猝死。

（5）惊吓问题　当受到雷雨、闪电、噪声、鸟兽的惊吓及突如其来的声音时，肉鸡发出本能的保护性反应，交感神经异常兴奋，肾上腺素分泌增加，心搏加快，常导致心跳骤停而死亡。

（6）其他因素　大多数专家和学者认为是由于饲养管理方法不当所致。饲料能量水平过高，机体功能器官发育不全，使之长期处于超负荷工作状态；饲料配比不当，造成大量脂肪在体腔内沉积，心脏被脂肪紧固，功能衰退。当鸡群受应激刺激时发病最为严重，猝死更快。

【预防措施】　该病由于主要原因尚不明确，应采取预防为主的积极措施，减少损失。

（1）促进脂肪代谢　把维生素 B_{12} 添加于干饲料中，1 千克饲料加维生素 B_{12} 10 毫克。

（2）饲料中添加氯化胆碱，500 克氯化胆碱加饲料 400～500 千克。

（3）肉鸡生长后期不应盲目过量添加油脂，使蛋白能源比例失调，造成脂肪代谢障碍。

（4）喂成品饲料时（全价饲料）加玉米面 15%～20%，加麦麸 5%。减少各种应激因素，饮用口服补液盐或速补抗应激药物。可用碳酸氢钠以 1 千克饲料添加 3.6 克碳酸氢钠投喂，连喂 3 日可大大降低死亡率。

（5）从肉雏鸡 10 日龄开始，将 3%～5%的碎玉米加入日粮中，25 日龄以后逐渐恢复正常，可预防本病的发生。8～14 日龄

每天控制喂料时间在16小时以内，可预防本病的发生。

（6）大北农肉仔鸡料C511强化了维生素的添加，可提高营养物质的消化率，增强肉鸡的抵抗力，如C511强化维生素A生物素的添加，可防止猝死症的发生；强化维生素D的添加，可防止骨骼发育不良；强化维生素E的添加，可减缓热应激，改善鸡肉的品质；强化锌、锰、硒的添加，可提高肉鸡的免疫力。C511还含合理的药物组合，有效地预防鸡的呼吸道病和消化道疾病，控制球虫病的发生。

4. 肉鸡腹泻的原因和防治　幼龄肉鸡的腹泻综合征是世界肉鸡业面临的一个严峻问题，被认为是造成肉鸡死亡的主要原因，腹泻综合征的症状表现为在肉鸡腹部空间有浆液性的体液蓄积。腹泻的发生高峰期一般在4～6周龄，死亡率在15%～50%，带来的损失严重。

【发病原因】　多种因素可以导致腹泻的发生，而且在一个鸡舍里有些因素会不断地变化，在一般情况下不能找出造成腹泻的单一因素，下面一些原因可以引起腹泻综合征。

（1）在低温情况下，肉鸡为了维持身体的温度，需要更多的氧，以增加新陈代谢。

肉鸡生长速度快，因而新陈代谢较快，加速了血液的流动，有些肉鸡因通过肺的血流达到极限而死亡。

（2）饲料浓度，肉鸡采食量高，为了吸收饲料中的碳水化合物和脂肪，需要更多的氧，所以，高能饲料与高腹泻发生率有关。

（3）通风不良会减少空气中氧的成分，增加灰尘颗粒的浓度，对肺造成损害或直接影响氧的摄取，舍内有害气体（一氧化碳、二氧化碳）会同存在的氧竞争，增加鸡的呼吸率，造成已经超负荷的心肺系统和新陈代谢的额外压力。当需氧量增加外，鸡不得不产生更多的红细胞把氧运输到需要的器官上以补偿氧气。

（4）呼吸病害，由于肺受损伤会使肺的吸氧量减少，所以任何影响肺的病害都被认为可以促进腹泻的发生。

（5）疫苗反应，使有些疫苗造成肺的损伤，结果阻止血液的流通。

（6）曲霉菌素、沙门氏菌、大肠杆菌、伤寒杆菌也是造成鸡腹泻的重要原因。

（7）遗传易感性，通过成功的育种程序和不断改进的饲料配方，肉鸡的生长速度和饲料的摄取不断增加，不可避免地增加了肉鸡对腹泻的易感性。

可以针对引起腹泻的因素采取防治措施，最关键的是通风，增加空气中的氧气，排除二氧化碳。其他如防止呼吸病害，避免饲料污染，控制饲料投喂量，在生长初期限制饲喂，保持鸡的生长一致，注意适宜的温度等也很重要。

【预防措施】

（1）用白矾 0.7 克在水中溶解，1 天 3 次内服。

（2）白矾 1 份，白面 2 份，白糖 1 份，先将白矾碾细与白面混合，放入锅内共炒，直到白面色黄出锅，加入白糖混匀，每天在鸡的饮水中加入少许，任其自由饮服。

（3）黄柏 100 克，黄连 100 克，大黄 10 克，穿心莲 100 克，大青叶 10 克，胆草 50 克，粉碎后按 10%比例拌料服用（适于大肠杆菌引起的腹泻）。

（4）黄连 20 克，黄芪 10 克，雄黄 5 克，双花 10 克，大青叶 10 克，穿心莲 20 克，赤芍 10 克，粉碎后按 2%拌料喂养，连用 3～5 天（适于因白痢引起的腹泻）。

（5）黄芩、苦参、白头翁、赤芍、知母、双花、萹蓄、甘草各 10 克。粉碎后每天每只 2 克，连用 5 天（适于因禽伤寒引起的腹泻）。

5. 肉鸡腹水症的防治方法 肉鸡腹水症又称雏鸡水肿病，多发生在 20～35 日龄的肉仔鸡，一般饲喂颗粒料的肉鸡比喂粉料的多发，生长速度较快的公鸡一般比母鸡多发。多发生于冬季、春初、深秋，但冬季发生的最多，约占全年的 70%以上。

病鸡初期精神不佳。病程稍长则精神沉郁，羽毛蓬乱，缩头

嗜睡，独居一隅，食欲减退或废绝，有的站立和行走不稳；有的卧地不起，仰头、张口喘气，排水样或黄白色稀便。皮肤红黑，腹部胀大，用手触摸可感到腹腔内有大量的液体积存。

【防治措施】

（1）冬季在保证鸡舍充分保暖的情况下，加强通风换气，保证鸡舍内的新鲜空气，满足其集体的供氧需要。为避免在鸡舍内发生火炉耗氧，有条件的可以用火坑取暖。

（2）要经常清扫鸡舍，勤换垫料，防止鸡粪发酵产生氨气。鸡舍内要保持一定的湿度，一般相对湿度在60%～65%最为适宜，以防粉尘飘浮和一些污浊气体刺激呼吸道而引起呼吸系统疾病，并由此引发腹水症。

（3）为避免饲喂颗粒料和添加油脂使鸡生长速度过快、耗氧太多而发生腹水症，可将颗粒料改为粉料，并降低料中脂肪的添加量。

（4）据报道，给肉仔鸡喂高能饲料，可使腹水症发病率比喂低能饲料上升4倍。针对这一原因，可采取限饲法预防。方法为：①0～14日龄肉仔鸡，喂以低能量饲料（能量水平为每千克饲料11.5兆焦）。21日龄起，喂以高能量饲料（每千克饲料12.97兆焦）。②从13日龄起，每日减少日粮数量10%，维持两周，可使肉仔鸡腹水症死亡率降低27%。

（5）据山东孙长贵报道，冬季给肉仔鸡饮用温度较低的冷水是诱发腹水症的重要原因。因此，改饮25～40℃的温水，可有一定的预防效果，这一措施可列入冬季肉仔鸡防病日程。

（6）据河北郭振普报道，河北省故城县许多个体养殖肉鸡户普遍采用含水量较高的新收获玉米配制饲料，引起肉仔鸡大批发生腹水症，死亡率超过50%，经专家检查，喂高水新玉米是发生本病的主要原因，所用玉米含水量比标准含水量14%高出十多个百分点。采取立即停喂新玉米，改用含水量少的陈玉米的措施，腹水症很快有了好转。

【药物治疗】陈皮、丹参、茯苓 、白术、菌陈各50克，黄芪10克，煎服，每天一次。病鸡加倍用量，病甚者加饮黄芪水，3天后腹水症全部消退，20天内未见复发与死亡，预防率为100%。

黄芪10克，茯苓、泽泻、白术、陈皮、丹参各45克，甘草20克，混合研末拌料饲喂，此配方为鸡体重1.75千克，100只的用量。采用本方法，本书作者王文中治疗几千只，疗效90%以上，效果显著。

6. 肉鸡腿部疾病的防控措施 随着肉鸡生产性能的提高，加上笼养鸡运动大幅减少，而引发的腿部疾病多种多样，主要包括以下几种：一是遗传腿病；二是脊椎滑脱症；三是传染性腿病；四是化脓性关节炎；五是鸡脑脊髓炎；六是病毒性腱鞘炎；七是营养性腿病；还有脱腱症、软骨症、维生素B缺乏等症，还有风湿性和外伤腿病。

肉鸡腿病的发生是比较复杂的，多种病因可引起发病，且治疗上也比较困难，严重影响肉鸡生产性能的发挥。本病临床表现为腿肌体骨骼变形、关节囊肿等，造成跛行、瘫痪，严重影响运动和采食，制约其生长发育，减少养殖效益，是笼养肉鸡的重要疾病，此病应以预防为主。

【预防措施】

（1）根据不同阶段进行营养控制　在饲养前期（3～4周龄），要使肉鸡长好骨架，促进骨骼发育，防止体质虚弱，应加强运动以增强体质。要控制饲料中的代谢能水平，或根据需要通过限量饲养的方法来控制体脂积蓄，可定期抽查体重，及时调整日龄能量水平，4～5周龄后加速育肥上市。

（2）保持日粮的营养均衡　日粮中的矿物质、维生素（特别是维生素A和维生素D）含量要丰富，但不可过量，而且钙、磷比例要适当，特别要注意防止日粮中钙、磷及维生素D、维生素B_2等的缺乏。维生素D对骨骼发育的作用尤其重要。对于0～3周龄的肉用仔鸡，每千克日粮中维生素A、维生素D的含量应保证在250～400国际单位。

（3）保持鸡舍的环境良好　鸡舍要保持通风、卫生、干燥，垫料要松散防潮，并定时更换。饲养密度要适宜，3～4周龄后，每平方米应不超过10只。

（4）保持适当的运动　可采取定期少量投喂维生素A。维生素D及丰富的青绿多汁饲料，如胡萝卜、南瓜等，可采取勤添少喂的投料方式，以增加鸡啄食和运动的时间。

（5）疾病预防　部分细菌和病毒会造成肉鸡腿部疾病，如葡萄球菌病、病毒性关节炎等。必须做好疫苗接种和疾病防治工作，完善防御保健措施，杜绝感染性腿病。

（6）隔离病鸡　对已经患腿部疾病的肉鸡要及早隔离，精心管理，适当将其售出，以减少经济损失。

八、肉鸡加快增重的若干方法

1. 蜂蜜催肥法　取蜂蜜与冷开水，按1∶30的比例混合，使鸡连续饮用半个月，可快速催肥。

2. 拔羽避光法　饲养员手提准备催肥的肉鸡，先把尾巴上最大的几根有管羽的毛轻轻拔掉，然后再拔左右两翅外侧的几根长管羽毛。注意拔翅膀时要一根一根依次拔，切勿几根连在一起拔。拔羽后的肉鸡放入鸡笼内黑暗通风的地方，喂以配合饲料。如此可使催肥的肉鸡每天增重50～75克，催肥15天后即可出售。

3. 肥鸡粉催肥法　取肉桂粉50%、干姜粉20%、甘草粉9%、茴香粉7%、熟黄豆粉6%、硫酸亚铁8%，混合后即成肥鸡粉。加适量水拌入饲料中，每只鸡每天用肥鸡粉0.5～1克，两天饲喂1次，半月后，日增重可接近50克，连喂两个月左右即可出售。

4. 硫酸钠育肥法　从鸡10日龄开始，在饲料中掺入硫酸钠，喂量占配合饲料的0.3%，硫酸钠在鸡体内对蛋白质的生物合成能起促进作用，刺激生长、改善肉质，达到快速育肥的目的。

5. 多酶片催肥法 雏鸡开食后 3 天，在日粮饲料中加入 0.4%的多酶片，连喂两周。

6. 喂高能饲料法 以玉米、小麦为主，在饲料中加 2%～8%的动物油，使肉鸡膘满肉嫩。

7. 喂肉末催肥法 把质次价廉的猪肉切碎煮熟，晾凉后拌料喂鸡。开始先用肉汤拌料，以后逐渐增加肉末，增重迅速。

8. 喂抗生素和维生素法 按每千克饲料加入青霉素及维生素 B_{12}各 15～20 微克，或 20～30 毫克土霉素粉。

9. 快速育肥法 辣椒 12%、甘草 23%、姜粉 23%、茴香 7%、五加皮 23%、硫酸亚铁 12%（夏季用方）；姜粉 74%、胆草 9%、茴香 8%、硫酸亚铁 9%（冬季用方）。将配方中的药物研成粉末，拌在饲料内，酌加清水，每只鸡每次用量 0.5～1 克，两天用一次。

喂药后，鸡食欲增加，毛色光亮，换羽期缩短，增重快，产蛋鸡的产蛋量增加。

10. 售前催肥法 出售前一星期左右，可在饲料中加喂少许豆油，并按饲料量加万分之二的升华硫黄粉，这样可使鸡在短期内膘肥、肉嫩、油足。

11. 土霉素钙盐催肥法 在饲料中经常拌喂土霉素钙盐，每只鸡每天增重 100～200 克，可使鸡体肥壮、多产蛋。

12. 添加蛋氨酸法 每 5 千克饲料中加入蛋氨酸 4 克和少量维生素，连喂 6 周后，肉鸡可长到 1.5 千克左右。

13. 喂食欲增进剂法 这类饲料添加剂能增加适口性和诱食性，提高饲料的品位，促进快长，缩短饲养周期。可在日粮中添加 0.1%的味精，或 0.6%～1%红干辣椒粉，0.2%～0.3%的大蒜粉。

14. 喂抗生素法 选用大碳霉素、魁北霉素、盐霉素、莫能菌素等在胃肠道几乎不吸收的抗生素喂仔鸡，每千克日粮中添加 90～100 毫克，一般增重可提高 7%～15%，饲料转化率可提高 6.6%～15%。抗生素可促进营养物质吸收，增进食欲，防病保

健，促进仔鸡生长发育。

15. 喂稀土法　稀土的促生长、保健效应在于它有沉淀毒素的抗营养因子，饲料中添加稀土可改善饲料品质和提高饲料利用效率。一般在仔鸡的日粮中添加 200×10^{-6}～400×10^{-6}的稀土，日增重可提高 12.4%～12.8%，饲料利用率提高 12%，饲养周期可缩短 4～5 天。

16. 喂油脚法　脂肪可供给动物机体大量的热量，产生卵脂及形成体脂。一般在仔鸡日粮中加入油脚 4%～6%，可提高增重 10%以上。

17. 喂利血平法　利血平能抑制中枢神经，使能量消耗降低，利于育肥催膘。一般在肉用仔鸡饲料中添加 2×10^{-6}～3×10^{-6}的利血平或其他限制性运动药物，通常可提高增重 10%～12%，饲养周期可缩短 3～4 天。

18. 喂中药催肥散法　将桂皮 40%、小茴香 30%、沙羌 10%、陈皮 10%、胡椒 5%、甘草 5%，加工成粉末，按肉鸡日粮中每只每天添加 1 克，可促进增长，并提高肉鸡风味。

19. 喂熟黄豆粉法　在肉鸡日粮中添加 0.4%的炒黄豆粉，可增重 130～351 克，饲料利用率可提高 11.1%～12.5%，经济效果显著。

20. 蛇粉催肥法　浙江省嘉兴市饲料公司试验证明，用蛇粉喂养的鸡比用豆粉喂养的增重率提高 60.8%，比喂蚕蛹粉的提高 16.21%，每只鸡每天喂 2 克蛇干粉效果最好。蛇粉是把杂蛇的苦胆取出后，用废弃的蛇肉加工而成。

21. 喂豆饼粉催肥法　将鸡日粮内的豆饼比例从 10%～15%增加至 20%，鱼粉提高到 10%左右，在鸡群进巢前，再喂 1 次煮熟的小麦，使其充分饱食。

鸡催肥应注意：①严格掌握催肥时间，催肥时间短，肥膘不足，时间过长，反会超斤降低等级，得不偿失。②补饲料由少到多的原则。如果鸡群多数出现腹泻的现象，说明补充饲料过量，应当减少，这样浪费饲料，又易引起多种疾病。③补喂的荤食要新鲜。

22. 喂熟玉米催肥法 每只鸡每天喂熟玉米200克，分三餐人工添喂，适当补饲青饲料少许，可使出栏前的肉鸡快速增重。

23. 喂蝇蛆催肥法 以酒槽为诱饵生产的蝇蛆，每天喂500克鲜蝇蛆，可使肉鸡多产肉0.9～1千克。

24. 喂蚯蚓催肥法 蚯蚓干品含粗蛋白质70%，加工成粉或鲜喂，按7.5%拌入饲料即可。

25. 喂艾叶催肥法 艾叶富含粗蛋白质、维生素、必需的氨基酸、矿物质及生长因子，在鸡日粮中添喂2%的艾粉，可使日增重提高10%～20%，饲料消耗降低7%～12%。

26. 喂钩吻五加皮催肥法 黄芪50克、艾叶100克、肉桂100克、五加皮100克、钩吻100克、小茴香50克，共研细末，从10日开始连续拌饲料喂40天，每只每天喂1～1.5克，试验表明每只鸡平均增重350克。

27. 喂何首乌散催肥法 何首乌40克、白芍25克、陈皮15克、神曲15克、石菖蒲10克、山楂5克，研为细末，每只每天1.5%拌料饲喂。通过试验，按该方法给鸡添加后只需喂29天，肉鸡平均体重可达837.5克，较对照组提高26%，饲料转化率提高16.6%。

28. 喂各种杂虫催肥法 除了上述方法之外，用各种杂虫、黄粉虫喂肉鸡，日增产明显加快，而且肉肥味鲜，风味极佳。

九、肉鸡适时出栏效益好

饲养肉用鸡的目的在于获得更好的经济效益。而专业户饲养的不同品种肉用鸡，大都是公母混合饲养，一般饲养到56日龄，体重达到2.0～2.5千克时就出售，还有少数专业户由于饲养密度大，到42日龄后，分批选拔体重达到1.8～2.0千克的肉鸡出售。这都会影响经济效益，较为理想的出售时间及方式如下。

1. 按照鸡日龄生长规律出售 鸡适时出栏应考虑到饲料消耗、屠体品质、市场需求及销售价格等诸多因素。现代肉鸡的特

点是早期生长速度快，母鸡在7周龄、公鸡在9周龄时增重速度达到高峰，以后增重速度逐渐减慢。随着日龄的增加，如以第2周龄料肉比为100%，则第3周为113.6%，第8周为168.2%，第10周为201.9%，耗料量增加1倍。出栏日龄推迟，饲料转化率降低，沉积脂肪较多，鸡肉品质下降，经济上划算。有些鸡在6周龄前即可达到上市体重标准，饲料消耗较少，但是屠宰品质欠佳，胸肌和腿肌的比例较小，出肉率较低，加工费用较高，过早出栏也不经济。目前，我国生产的肉鸡除少量出口外销，95%以上是内销，主要用于制作烧鸡和家庭烹调。除少量炸用、烧用的肉鸡出栏体重稍大外，2千克左右的肉鸡屠宰加工后足以满足现代家庭的一次食用。

2. 按照公、母鸡生长规律出售　通常肉用鸡1日龄时公、母鸡体重相等，或公鸡比母鸡高1%，由于公鸡比母鸡生长快，在4周龄时体重比母鸡高13%，6周龄时高20%，8周龄时高27%。一般肉用母鸡7周龄后生长速度相对下降，饲料消耗增加；而公鸡在9周龄后生长速度才降低，饲料消耗才增加。所以在公母混群饲养时，分批选拔体重大的出售，不能发挥公鸡的生长优势。较好的方法是母鸡在7周龄、公鸡在9周龄出售。最理想的方法是公、母鸡分开饲养，以便各自在生长速度开始下降时出售。国外有报道，肉用仔公鸡在9～12周龄时还有第二生长波，9周龄日增重35.9克，10～12周龄平均日增重为41.9克。所以应根据不同品种肉用仔鸡的生长特点，公鸡可饲养到9～12周龄出售。

3. 按照市场需要出售　国外肉鸡业发达的国家，1980年整鸡销售占肉鸡总数的67%，到1990年分割及深加工的鸡占总销售量的77%，且每年都在增加，国内肉鸡业的发展趋势也是如此。

十、肉鸡养殖中的典型案例

过去，全国各地很多肉鸡养殖户采用各种方法研究自配饲料和各种养殖方式、掌握市场信息和供需关系等，都取得了很好的经济效益，这些经验十分宝贵，是他们在养鸡生产中不断摸索探讨、实践所取得的，对广大个体养鸡户或肉鸡养殖合作社都会有所启示。

1. 杨玉波养肉鸡增加效益的方法 大连普兰店市夹河镇双泉寺村农民杨玉波是当地有名的养肉鸡能手，他总结的肉鸡增值有三招。

一是缩短换茬时间，每年都多养一茬鸡。有些养鸡户在肉鸡价格下跌时，因为收入减少会打退堂鼓。杨玉波认为，不怕市场一时皮软，就怕不肯出力，把换茬的间隙缩短就能补回来。别人肉鸡换茬至少得拖半个月，杨玉波只用5天，不等上茬鸡出栏，他便订好了下茬鸡雏，备足了饲料，年终算账，杨玉波正常出栏与倒茬出栏收入1 200元，但是多养一茬鸡却收入2 000元，二者相抵，还是多收入800元。

二是看准节假日市场，增加肉鸡的上市量。由于计划周密，杨玉波的商品肉鸡总能赶在劳动节、国庆节、元旦和春节期间上市，节日卖鸡价钱好，杨玉波每年因此多收入1 500多元。

三是给弱鸡吃“偏饭”，以增重。杨玉波经科学精心喂养的肉鸡，出栏时每只平均4千克重，比一般养殖户养的鸡重0.5千克，但他并不满足。他把那些体弱、吃不上食的鸡集中起来加餐，吃“偏饭”，帮助它们赶上队伍，这一举措让杨玉波每年增收1 000余元。

2. 养肉鸡50天出栏的方法 缩短饲养周期及快速上市是提高肉鸡养殖经济效益的根本途径。

(1) 给1～3日龄的雏鸡喂用开水浸湿的碎米，并添加土霉素和多种维生素。

(2) 4～7日龄时，日粮配方是碎米（或玉米）30千克，鱼粉10千克，豆饼、棉籽饼各3千克，骨粉1千克，食盐0.2千克，土霉素5克，痢特灵100片，酵母300片，鱼肝油适量，多种维生素10克，鸡新城疫Ⅰ系疫苗滴鼻，防鸡瘟。

（3）1 周龄后，将上述配方中棉籽饼 3 千克改为豆饼 1.5 千克加麦麸 1.5 千克，将多种维生素改为 7.5 克。

（4）仔鸡体重增到 0.35 千克以上时开始催肥，将上述配方中的鱼粉改为 3 千克，豆饼改为 0.75 千克，多种维生素降至 5 克，去掉土霉素，痢特灵（预防鸡白痢）视情况而定，被减去的饲料用等量的玉米补充。

用上述配方喂养肉鸡，料肉比为 3∶1，1～15 日龄，因饲料中混有药物，故不易感染球虫病、白痢病。15 日龄后是否添加药物，应灵活掌握，采用饮水器，任鸡自由饮水。注意：小鸡出壳 3～4 小时后必须“清肠”，即用 5 千克凉开水加入青霉素 80 万国际单位供饮用。育雏环境温度：第 1 周 33℃，第 2 周 28℃，第 3 周每天下降 1℃，至正常温度为止，种鸡在产蛋期每天用 25 瓦电灯泡照射 16 小时。鸡舍的人行道要用生石灰消毒，防止外人进入，避免带进细菌病毒。

3. 竹竿架养肉鸡效益好　利用竹竿架养肉鸡，不需要清粪，可保持舍净、料净、水新鲜。平均 50～60 天出栏时，活重达 2.53 千克，料肉比可达 2.37～2.41∶1，成活率可提高 11%，出栏率可提高 14%。

（1）搭设竹竿架　由木架及竹竿构成。桩架高离地面 1 米，靠墙用砖垒垛而成。桩架上铺设长 2.6 米、直径 2 厘米的普通竹竿，间距 2.5 厘米。

（2）放置水缸　在竹竿架上靠墙角处放一个水缸，水缸高于竹竿 30 米，用一个塑料管引出水后，控制适当流量置于绕墙的角槽中，即可供给长流水。

（3）饲料配方　4 周龄前饲料配方为：玉米 58%、麸皮 5%、豆饼 12%、花生饼 10%、鱼粉 9%、骨肉粉 3%、骨粉 1.5%、食盐 0.25%、蛋氨酸 0.15%、赖氨酸 0.1%、脂肪 1%；4 周龄饲料配方为：玉米 61%，麸皮 2%，豆饼 12%，花生饼 15%，鱼粉 6%，骨粉 1.5%，食盐 0.1%，赖氨酸 0.2%，生长素 0.2%，脂肪 2%。

（4）管理方法　每昼夜加喂一次料，应加满直径为 40 厘米的圆形自流吊桶，打满两缸水。每天早、午、晚观察鸡群，每 10 天喷一次臭氰菊酯。

4. 肉鸡三层架床网上饲养法　三层架床网上饲养肉鸡具有四个优点：一是节省垫料；二是鸡体不接触粪便，便于防疫；三是可提高场舍利用率；四是肉鸡活动范围小，能量消耗少，生长速度快。

（1）架床制备　架床共分 3 层，每层宽 1.5～2 米、高 0.6 米，每个层面按 25 厘米间隔钉木条，木条上铺塑料网，架床四周也用塑料网圈围，防止鸡从架上掉落。

（2）饲养管理

①控温：雏鸡 1 周龄内保持鸡舍温度在 32～35℃，1～2 周龄保持在 30～32℃，2～3 周龄保持在 28～30℃，3～4 周龄保持在 26～28℃，以后保持在 25℃左右。

②控光：雏鸡 1～3 日龄时每天保持光照 24 小时，每 20 米^{2}悬挂 1 只 60 瓦的灯泡，悬挂高度 2 米；3 日龄后每天保持光照 23 小时，每 20 米^{2}悬挂 1 只 25 瓦的灯泡，悬挂高度 2 米。

③通风：采用自然风或用排风扇。

④饲喂：饲喂配合饲料，让鸡自由采食与饮水。

⑤防疫：雏鸡 7 日龄内，在饮水中加环丙沙星、氧氟沙星等广谱抗生素，清除母源性传染病；10 日龄时，用新城疫 N 系苗滴鼻，同时在每只鸡颈背部皮下注射新城疫油乳剂 0.25 毫升；16 日龄时，用法氏囊炎弱毒苗点眼或饮水；24 日龄时，用新城疫 N 系苗点眼或饮水；35 日龄时，再用法氏囊炎弱毒苗点眼或饮水。

5. 肉鸡 50 天出栏新法　具体饲养管理技术如下。

（1）雏鸡饲养管理　出壳后 8～12 小时开食。开食饲料配方为：玉米面 65%、麦麸 10%、小麦 10%（熟碎）、豆饼粉 15%，外加熟鸡蛋 3 个（喂 100 只雏鸡），0.4%的土霉素和适量的红糖，还可加入适量的多维素。雏鸡出壳 5～8 天后改用如下饲料

配方：碎米3份、豆饼1份、葵花籽饼0.1份，食盐0.02份、土霉素和多维素适量。最好在开食前饮水，第一次饮0.01%的高锰酸钾或10%白糖水。1～15日龄最好饮温开水，水质要干净无杂质。前4日龄温度控制在34℃，5～7日龄温度控制在32℃，以后每周龄降温2℃，降至20℃为止。2周龄内湿度控制在65%～70%，3周龄后湿度控制在55%～60%；饲养密度1～2周龄每平方米25～40只，3～4周龄每平方米15～25只，光照时间为每天23小时，夜间关灯1小时。

1～3日龄皮下注射大鸡疱疹病毒疫苗，防马立克氏病。7～10日龄用鸡瘟Ⅱ系滴鼻，30日龄再滴一次。

（2）仔鸡饲养管理　雏鸡长到1千克左右，要按不同日龄、大小、强弱分群管理。饲喂时，可将上述饲料中的豆饼改为0.8份，减少多维素用量，取消土霉素。

（3）催肥方法

①猪骨头汤催肥：出售前10天左右，在饲料中加入煮烂的猪骨头汤。

②油脂催肥：肉鸡长到4周龄后，在饲料中加2%～3%油脚，逐步加至6%～8%。

③蛋氨酸催肥：饲料中加蛋氨酸0.14%。

④中药催肥：夏季用辣椒12%；甘草23%、茴香7%、硫酸亚铁12%；冬季用姜粉24%、肉桂50%、龙胆草9%、茴香8%，硫酸亚铁9%。中药碾末后，拌入饲料中，每只鸡每次用0.5～1克，每两天一次。

第八章 发展昆虫养殖业，增加鸡饲料中蛋白质的重要来源

蛋白质是畜禽生命的重要物质，蛋白质缺乏是当今世界存在的四大危机之一。

全世界随着畜牧业大发展，一切牲畜和禽、鱼类等动物都需要蛋白质饲料来供养，而且需求量越来越大。美国、日本、意大利、加拿大、澳大利亚等国，从20世纪70年代广泛地开发蚯蚓、黄粉虫、蝇蛆等昆虫的大量养殖，主要用作畜、禽、龟、鱼、蛙等的饲料，代替动物蛋白饲料，率先在养殖业代替蛋白质饲料创出一条新路。发展昆虫养殖的益处很多，一是可节省畜禽饲料30%～40%，补充了粮食的紧缺；二是有利于环境保护，大量废弃物得到了有效的处理，减少环境污染；三是可节约饲料开支，增加养殖业的经济效益；四是利用在养殖业上可以改变肉类、蛋鸡风味，创造出“虫子鸡蛋”，可高于“洋鸡蛋”2～3倍多的经济收入；五是为我国的医药、生物制剂、食品保健等提供了新原料；六是昆虫粉可以代替昂贵的进口鱼粉，减少国家外汇。

我国从20世纪80年代开始，有部分省、市小规模的养殖蚯蚓、黄粉虫、蝇蛆等试验，到现在全国大规模开发利用昆虫养殖业的还很少，与世界先进国家比较差距很大。下面就全国各地养殖昆虫用于养鸡业等经验分别介绍给广大养殖户，供参考。

一、养殖黄粉虫前景广阔

黄粉虫俗称“面包虫”，为鞘翅目、拟步行科、粉甲属昆虫，幼虫体软多汁，是用于特种养殖业的一种动物性鲜活的高蛋白饲料。据检测，黄粉虫含粗蛋白质60%以上，粗脂肪28.56%，含

10 余种氨基酸和多种维生素、矿物质元素。通常 1 千克黄粉虫的营养价值相当于 40 千克麦麸、30 千克混合饲料或 1 500 千克青饲料，因而已被世界先进国家广泛应用。美国、日本不仅将其配入饲料、制成饲料添加剂，而且还加工成人可食用的黄粉虫饼。改革开放以来，我国江苏、广西、安徽率先引进和开发黄粉虫作为优质动物饲料，以适应特种养殖业崛起的迫切需求，取得了良好的经济效益。实践表明，用 6%活黄粉虫掺进混合饲料喂甲鱼、鳗和蟹等，具有适口性好、助消化、长势好、肉味鲜、色泽美及抗病力强等优点；用于喂雏鸡、野鸭和肉鸡，增重效果显著；用于喂牛蛙，可提前 1.5 个月达标；用于喂猪，可使猪皮毛色光亮、增重快、瘦肉率高，缩短饲养期 1 个月左右；用于喂蛋鸡，可提高产蛋率，平均增加蛋重 1/5 左右。在一般情况下，2 千克黄粉虫可增长 1 千克鳝肉；4 千克黄粉虫可增长 1 千克牛蛙肉；10 千克黄粉虫可增长 1 千克甲鱼肉。黄粉虫的营养价值最高可达鱼粉的 2 倍，而其成本却只有鱼粉的 1/3 左右。故而具有较广阔的开发前景。

据概算，每生产 1 吨黄粉虫干粉大约需成本 3 000 元，较进口鱼粉价低得多。而每百千克饲料中只需添加 2～3 千克虫粉即可。几年来，黄粉虫的市场价格居高不下，一般活虫每千克售价 30 元左右，种虫每千克售价 50～80 元。黄粉虫作为动物性高蛋白饲料的重要资源，其开发周期短、成本低、饲养方法简便，是城乡很有开发前景的新兴行业。

（一）黄粉虫的人工养殖方法

近年来，随着国内特种养殖业的发展，对黄粉虫饲料的需求量增加，使黄粉虫在市场上货紧价高，农户养黄粉虫已成为脱贫致富的好门路，现就其人工养殖方法介绍如下。

1. 饲养设施　饲养黄粉虫的设备简单，用盆、缸、木箱、纸箱、砖池等容器均可。但内壁要求光滑。深度要求 15 厘米以上，以防黄粉虫逃跑。养成虫的容器，要用塑料薄膜或透明胶布粘贴固定好，以免黄粉虫外爬和产卵不定位。养成虫的木箱容器还要装一块纱窗网（网眼孔径 3 毫米），使卵漏下去而不被成虫吃掉。纱窗网下垫一层接卵纸，便于收集卵。若大规模饲养，应做一定数量的尺寸为 30 厘米×40 厘米×15 厘米的木盒，在养虫室架设木盒架，将木盒层层叠起。

2. 饲养管理技术 先在饲养盒、木箱等器具内放上用纱网筛过的细麸皮等其他饲料，再将新买到的黄粉虫（幼虫）放入，最后在上面放上菜叶子，让虫子生活在麸皮、菜叶之间，任其采食。虫、料、菜叶的比例为 1∶1∶1，以后要经常检查，及时添加麦麸、米糠、饼粉、玉米面、胡萝卜片、青菜叶等饲料，但麸皮含量为 50%为宜。在幼虫生长期，还应添加适量的鱼粉，以补充营养，为了加快黄粉虫的生长发育，饲养室内温度应常年保持在 25～35℃，湿度保持在 50%～60%为宜。夏季必须经常向饲养器具中投饲瓜皮、果皮、蔬菜之类，切不可向内洒水；冬季应减少青饲料。黄粉虫不喜欢光照，所以饲养室内光线一般较暗为佳。当黄粉虫长到 30 毫米左右时就会变成老熟幼虫，进入化蛹阶段，孵化出的蛹呈银白色，很快变成淡黄褐色。此时，应及时把蛹从幼虫中拣出来，拣出来的蛹可直接放入产卵箱内管理。蛹期不吃食，只要控制好湿度，不让蛹霉变，2 周后便可羽化成成虫。此时应适当投入一些饲料供其采食。同时在产卵盒下垫上带有麸皮的容器或报纸，供采集虫卵用。成虫产卵时，卵从网孔中落在下边的麸皮中。接卵麸皮可每周换一次，把换下的麸皮放入饲养容器中，经 2 周便可孵出幼虫，这样周而复始地进行循环，可以获得越来越多的黄粉虫。

3. 注意事项

（1）饲养室温度应保持正常，不能过高或过低，以免影响虫子的正常生长发育。

（2）饲养器具中铺幼虫的厚度以不超过 3 厘米为佳，而且还需要经常扒动予以散热。

（3）要及时清除死蛹和成虫，以及剩余的饲料，以免腐烂变质，同时也不能喂发霉变质饲料。

（4）饲养室中要有防鼠害、防各种敌害的设备或设施，以免造成经济损失。

（5）饲养室要保持清洁卫生、不能堆放化肥、农药等有异味的物品。

（二）提高黄粉虫的成活率

黄粉虫体内含有丰富的蛋白质、脂肪和糖类，是蝎子、鸟、禽类的最佳饲料。然而，凡是养过黄粉虫的人都知道，黄粉虫在蛹期，特别是春夏、秋冬两个冷热交替季节，蛹的成活率极低，最高死亡率达80%，给养殖户造成严重损失。笔者经过多次试验，探索出提高虫蛹成活率的新方法且简单易行。其方法是，将虫蛹从幼虫养殖箱内拣出，放到盒或养殖箱等器皿内，然后将幼虫在龄期内脱蜕的虫皮用簸箕簸出，放在盛虫蛹的器皿内拌匀，这样可使虫蛹成活率达95%以上。

（三）黄粉虫的饲料配制及加工

1. 饲料配方

配方1：麦麸70%，玉米粉25%，大豆粉4.5%，饲用复合维生素0.5%。本配方适用于幼虫。

配方2：麦麸40%，玉米粉40%，豆饼粉18%，饲用复合维生素0.5%，混合盐1.5%。本配方主要用于饲喂成虫和幼虫。

配方3：麦麸75%，鱼粉4%，玉米粉15%，食用糖4%，饲用复合维生素0.8%，混合盐1.2%。本配方主要用于喂养产卵期的成虫。喂此饲料可提高产卵量，延长成虫寿命。

配方4：纯麦粉（质量较差的麦子或麦芽等磨成的粉）含麸95%，食用糖2%，蜂王浆0.2%，饲用复合维生素0.4%，混合盐2.4%。本配方主要用于饲喂繁殖育种的成虫。

配方5：单用麦麸喂养，在冬季加适量玉米粉。黄粉虫食性较杂，除了饲喂上述饲料外，尚需补充蔬菜叶、瓜果皮、水分、维生素C等。在养殖中，可根据实际饲养资源情况，参考上述配方，适当调整组合比例。

2. 饲料加工 饲料在加工时，可将各种饲料及添加剂混合搅拌均匀，然后加入10%的清水（复合维生素可加入水中搅匀），拌匀后再晒干备用。对于淀粉含量较多的原料，可用15%的开水烫拌后再与其他原料拌匀，晒干后备用，但维生素不能用开水烫。

饲料加工后含水量一般不能超过10%，以防发霉变质。对于发霉及生虫的饲料要及时晾晒，或放置于烘干箱或烤炉中，以50℃的温度，经过30分钟烘至干燥，然后再使用。也可将生虫的饲料用塑料袋密封后，放入冰箱中，在－10℃以下冷冻3～5个小时，以杀死害虫，再将饲料晒干备用。

（四）黄粉虫病害的防治

1. 螨害 7～9月份螨害最易发生，饵料带螨卵是发生的主要原因。因此，黄粉虫饵料在此季节应密封贮存，米糠、麸皮、土杂粮面、粗玉米面最好先曝晒消毒后再投喂。另外一点也不能忽视，掺在饵料中的果皮、蔬菜、野菜不能太湿，因夏季气温高，易导致腐败变质。还要及时清除虫粪、残食，保持饲养箱内的清洁和干燥，如果发现饲料带螨，可移至太阳下晒5～10分钟（饲料平摊），即可以杀死螨虫。还可用40%的三氯杀螨醇1 000倍溶液喷洒饲养场所，如墙角、饲养箱、喂虫器皿等，或直接喷洒在饲料上，杀螨效果可达到80%～95%。

2. 干枯病 此病的症状为病虫头尾部干枯，重者整体干枯而死。发病的主要原因是气温偏高、空气干燥、饲料中的青饲料太少等。在酷暑高温的夏季应将饲养箱放至凉爽通风的场所，及时补充各种维生素和青饲料，并在地上洒水降温，以防止此病的发生。

3. 软腐病 此病多发生于梅雨季节，病虫行动迟缓，食欲下降，产卵少，重者虫体变黑、变软，腐烂而亡。主要原因是饲养场所空气潮湿，黄粉虫过筛困难，需加大力度筛取，造成虫体受伤，导致该病发生。发现症状后应立即减喂青菜数量，清理病虫粪，开门窗通风散潮，调解温度，及时取出变软、变黑的病

虫，并用 0.25 克土霉素拌豆面或玉米面 250 克投喂，待情况好转后再改为麸皮拌青料投饲。

另外，黄粉虫的天然敌害有老鼠、蚂蚁、蟑螂、蟾蜍、鸡、鸭、鹅等。在庭院饲养时要加以注意和防范。

二、发展蝇蛆饲养，净化环境，促进农业大发展

苍蝇繁殖速度快，据测算，1 对苍蝇 4 个月能繁育 2 000 亿个蛆，可积累纯蛋白质 600 多吨。蝇蛆从产卵发育到成虫，一般只需 10～11 天；由卵到成蛆，只需 4～5 天，周期短，繁殖快，产量高。初孵幼虫 0.08 毫克，在 24～30℃下，经 4～5 天生长，蛆的体重即可达 20～25 毫克，总生物量增加 250～350 倍。昆虫作为低等动物，在生态系统的能量转化中，虽然同比效率是哺乳动物的一半左右，但它的生产效率却是哺乳动物的 15～40 倍，是迄今用其他方法生产动物蛋白饲料所无法比拟的。

养殖蝇蛆原料来源广泛，麦麸、米糠、酒糟、豆渣等农副产品下脚料都可用于蝇蛆养殖。更难得的是，猪粪、鸡粪、鸭粪等畜禽粪便，也均适宜于蝇蛆养殖。一个畜禽养殖场配上一个蝇蛆养殖场，就等于又建了一个昆虫蛋白饲料生产厂。原料是畜禽排出的粪便，产品是优质蝇蛆蛋白质饲料。养殖蝇蛆后的粪便，既无臭味、不招苍蝇，又肥沃疏松土质，是农作物的优质有机肥。这一特殊的转化功能，是其他饲料昆虫所望尘莫及的。

苍蝇出没于肮脏之地，置身不计其数的病菌之中，却能安然无恙，不被这些病源物感染。蛆的生命力极强，食粪便从来不得病，其他动物无法忍受的腐臭环境却是蛆的乐园，这源于其优异的免疫力功能。饲养蝇蛆，一般不用为防病费心，可大大节省防病费用。

干蝇蛆含蛋白质 62%左右，含脂肪 10%～15%，还含有丰富的各种氨基酸，其中必需氨基酸总量是鱼粉的 2.3 倍，蛋氨酸、赖氨酸分别是鱼粉的 2.7 倍及 2.6 倍，明显高于鱼粉。实践证明，蝇蛆不但可以完全替代鱼粉，而且在混合饲料中掺进适量

的活体蝇蛆，喂养蟹、鱼、鳖、虾、鳗、黄鳝、蛙类、鸟类等，生长明显加快，增产显著，效果很好。据试验，在饲料中添加适量鲜蛆喂蛋鸡、产蛋率提高17%～25%；喂鱼增产22%以上；喂猪生长速度提高19.2%～42%，且节约20%～40%的饲料。人工养殖蝇蛆可缓解饲料短缺，降低饲料成本。除此之外，蝇蛆是生产医药、食品等的重要原料，并能提取甲壳素、几丁质、抗菌肽等，是医药行业的最佳原料，甲壳素等具有抗癌作用，抗菌肽对细菌、病毒、念珠菌、原虫等具有极强的杀灭作用，它的利用价值很高，抗菌肽是世界公认的西药抗生素替代品。

让蝇蛆养殖加入到生态农业的物质循环利用中，可以成功地解决困扰畜禽生产的粪便污染和饲料紧缺这两大难题。畜禽对饲料养分消化吸收仅60%，其余的都流失在粪便里，畜禽粪便具有丰富的蛋白质等养分，蝇蛆能把流失在粪便里的养分几乎全部消化吸收掉，并转化为昆虫蛋白。在养殖业、种植业外增加养虫业，延长了食物链，使物质能量向更高的质量转变，成为其他各种动物可以利用的物质，提高了资源利用率。

20世纪80年代初，我国北京、天津、四川等地开展了利用鸡粪饲养家蝇及饲喂家禽的试验，代替部分蛋白质饲料，并取得了丰富的经验和效果，引起了人们的广泛关注，并从家庭饲养发展到规模化、工厂化饲养，应用领域不断扩大。

（一）种蝇的采集技术

在蝇蛆蛋白的生产过程中，采集种蝇是较为有效的途径，也可饲养本地区的家蝇。现介绍几种采集方法。

1. 网捕法 网捕一般以中小型的白色细绢网（昆虫采集网）采捕成蝇。采集时，可多注意人、畜住处，滋生物的附近，一定注意采集同种的蝇种，用肉眼粗看时要留意体形的大小和体色之间的差异。

2. 笼诱法 各式的诱蝇笼都可用来采集蝇种，常用的蝇笼的一个木框子，在框子上绷好铁纱网（铁纱网直径1～2.5毫米），在笼内用铁纱网做一个漏斗，笼的顶板要装成可开的盖子。

由它可以把捕获的蝇子倒出来，随诱饵的不同和所放位置的差异，所诱获的蝇种也不同。

3. 诱卵法 用一小纸盒或小玻璃皿，内盛诱饵，并加适量的水，设置在家蝇或其他蝇种经常出入的场所或滋生地。如见有蝇卵可以移到室内饲育出成蛆。用这种方法可一次得到同种的多数雌雄蝇。

（二）蝇蛆的养殖方法

1. 网笼养蝇蛆技术

（1）成蝇的饲养 饲养成蝇可在室内利用网笼养殖，它既适于大规模工厂化养殖，也适于小规模养殖，房子应安装纱窗和纱门。网笼可大可小，一般尼龙纱网按 60 厘米长、45 厘米宽、90 厘米高规格建成一个密闭的网笼。一侧下方开一个长 15 厘米、高 10 厘米左右大小的口，缝接约 18 厘米袖筒，以便于喂食、取卵等，平时袖筒口用皮筋束住。

网笼内放置食盘、水盘和产卵盘。食盘中放适量奶粉和红糖作为成蝇食物，水盘中盛少量水，其中覆盖一小块海绵供成蝇饮水，产卵盆内放置由麦麸和奶粉组成的产卵料（奶粉与麦麸比为 1∶50），用水拌匀，其含水量为 70%。每两天更换一次饮水和食料，每天收取一次产卵物。种蝇一般 20 天后将其全部处死，将网笼清洗消毒后重新放入蝇蛹，羽化后继续饲养。成蝇适宜温度为 18～30℃，有趋光性，在暗处不活动，不取食，在食料充足的情况下，控制温度和光照是提高成蝇产卵量的关键。

（2）蝇蛆的培养 将收取的卵送进育蛆室，室内放置框架，框架上放铁盘（50 厘米×35 厘米×8 厘米），铁盘内放含水量约 70%的麦麸、酒槽等，厚度 5 厘米左右，具体厚度视培养料内的温度而定，温度高则宜薄，反之宜厚。卵孵后 3～5 天，幼蛆长至最大（1～1.2 厘米）即可分离，也可将蛆晒干，各种育蛆原料可单独培养，也可混合使用。为降低成本，也可用人及畜禽的粪便育蛆。在使用粪便时，可先堆放覆盖塑料布，经高温发酵杀菌，然后用以培育蝇蛆。

一般一只网笼可养种蝇 10 000 只，平均每天可生产鲜蛆 1 千克左右。

2. 蝇蛆的人工养殖方法

（1）成蝇的养殖　养成蝇主要获取蝇卵。

①蝇笼：以金属或木质为主框架，60 厘米×60 厘米×50 厘米，外面蒙以纱网，留出投料口。笼内设有饵料盘、水盘、产卵盘及若干栖息用布条。

②笼架：一般采取 3 层为宜，底层离地面 20 厘米左右。

③饵料：白糖 60%、奶粉 40%和适量的热水搅拌成糊状即可。由于成蝇食量小，投饵的量不宜太多，每笼每次 10～20 克为宜。

④加水：在饮水盘内放置 2～3 层纱布或滤纸，水不宜过多，水要采取勤添加、少添加，以保持纱布湿润。

⑤产卵盘：白糖 50%、酸奶 48%、碳酸氢铵 2%和发酵鸡粪水混合搅拌成糊状，放在平底产卵盘内作为产卵营养基，其厚度为 0.2～0.4 厘米。

⑥温、湿度：适宜温度为 28～30℃，湿度为 65%～70%，要采取通风换气，保证每天有 10～12 小时的光照时间。

⑦接种：按 6～10 厘米的饲养空间接入 1 粒蛹。一般每笼应接入蝇蛹 1.5 万～3 万粒，要求每笼蝇龄基本一致。第 21 天后取笼烫死全部成蝇，将笼洗净消毒备用。

（2）蝇蛆的养殖　蝇蛆是养殖的最终目的，要求获取最大量的蝇蛆，其方法如下。

①蛆盘：以金属或塑料制成为好，规格一般为 50 厘米×50 厘米×30 厘米，上口开放、内弯磨光，防止蝇蛆爬出，下底留活动抽板，盘底钻好若干直径为 0.5 厘米的蛆孔。

②培养基：用发酵好的鸡粪，要求含水量达到 70%左右，厚度以不超过 20 厘米即可。

③接种：以每千克培养基接入 1 克蝇卵即可。

④温、湿度：最佳温度范围为 25～30℃，湿度为

70%～80%。

⑤鲜蛆收集：接入蝇卵后第6天开始收集鲜蛆。先抽去活动抽板，用强光照射蛆盘上口，迫使蛆下钻，通过蛆孔落入收集器中，也可用水冲洗收集。收集的鲜蛆则可以直接用于喂鸡、鱼、鳖等，多余的制成蝇蛆粉备用。

（3）蝇蛹的养殖　主要是为了获得向蝇笼接种的蛹种。

①培养基：可在蛆盘下直接加设一个化蛹箱，大小适中即可。

②培养基：以发酵好的鸡粪，1%的白糖和10%的啤酒糟混合搅拌而成，其含水量50%左右。

③接种：按培养基质量的50%～60%接入6日龄的鲜蛆即可。

④蝇蛹收集：接种之后第4天即可取蛹，直接向蝇笼中接种，提供蝇种，多余的也可混入鲜蛆中制成蛆蛹粉备用。

（4）注意事项　养殖蝇蛆的场地应选在远离生活区、背风朝阳之地。养殖生产过程中，要严格控制，防止蝇、蛆逃逸造成环境污染。除此之外，由于蛆、蛹脂肪含量较高，所以易变质，因此应尽可能地减少存放时间，以减少其损失。

（三）苍蝇的饲料和饲养技术

苍蝇是实验室常用的试验昆虫之一。在昆虫毒理测定抗药性机制的研究中使用广泛。由于苍蝇繁殖快，饲料成本低，容易大量饲养，而且其幼虫含有丰富的蛋白质，因此可作为家禽的蛋白饲料。

1. 幼虫饲料组成

配方1：麦麸330克，奶粉140克，水750毫升。

配方2：麦麸330克，鱼粉140克，水800毫升。

配方3：麦麸330克，大豆粉140克，水750毫升。

2. 配制方法　先将麦麸与奶粉（或鱼粉、大豆粉）混合，用水调匀。在幼虫发育后期，饲料中的水分可以适当地减少，调制的饲料用手捏紧能成团，但指缝不滴水为宜。饲料装在直径

22 厘米、高 14 厘米的钵中。

3. 饲养方法

（1）成虫饲养　从野外或实验室收集蝇蛹（也可到厂家购买），放入成虫饲养笼中使其羽化。饲养笼由长、宽、高各 50 厘米的木架下一个略小于木架的立方体尼龙网组成。网底部用白粗布，其他各面也可用蚊帐布做成，其中一面的中间开一个直径 15～20 厘米的口，外接长 30 厘米的纱布袖套，以便取放蝇蛹和更换饲料等操作。纱网用纱绳系在木架上，可以随时解下更换。在成虫羽化前，笼内分别放入装有白砂糖（或红糖）和水的培养皿，供成虫羽化后食用。糖和水的供应不可中断，否则成虫会大量死亡。为了防止成虫落在水中，盛水的培养皿中要放一块海绵或木片。成虫羽化 2～3 天后开始交配。4 天后开始产卵。供成虫产卵的饲料要每天更换。饲养温度为 25～27℃，相对湿度 50%～70%，每天光照不少 10 小时。在成虫产卵期间，相对湿度不可过高，否则成虫产卵就不能成块。

（2）幼虫饲养　将带有虫卵的饲料放入装饲料的钵中，幼虫孵化后逐渐向下取食。3 天以后，将上层变色的饲料和排泄物除去，再添加新鲜饲料。饲养钵中的幼虫要保持适当的密度，一般半钵饲料可饲养 500 头幼虫。如虫数太少，剩余的饲料就会结块或发霉；如虫数过多，因过分拥挤和营养不足，采得到的蛹很少。当每钵虫数适当时，幼虫取食活跃，发育整齐，这时饲料既能充分利用，也不会发霉或滋生其他蝇类。在上述饲养条件下，幼虫孵化后 5～6 天就达到老熟，老熟幼虫喜欢选择干燥的环境化蛹，如果化蛹前饲料中的水分过多，会造成幼虫外逃。此时，可在饲料的表面撒一层干麸皮或木屑，为幼虫提供化蛹环境。

当多数幼虫化蛹后，将上层的干饲料（或木屑）与蛹一起收集起来，用 10 目的分样筛将蛹与饲料分开。蛹集中后，分放在成虫饲养笼中，暂时不用的蛹可放在冰箱中保存。在 10℃下，保存 5 天的蛹羽化率达 95%，保存 10 天可达 89%，保存 2 周的达到 60%左右。

（3）注意事项　更换饲料或收蛹之后，一定要将废弃的饲料集中处理，因为其中往往还有少数的幼虫或蛹，必须用开水烫死。

（4）饲养结果　上述3种饲料中，以饲料配方1的饲养效果最好，平均幼虫期5～6天，完成一个世代需半个月。用鱼粉代替奶粉也能获得较好的效果。但饲料腥味很重。用大豆粉代替奶粉饲养的蝇蛆生长周期较长。

（四）室外简易养殖蝇蛆的方法

室外养殖蝇蛆虽然产量较立体养殖蝇蛆要低，也没有立体蝇蛆养殖那么稳定，但具有投资少、见效快、不用引种、苍蝇不用投喂、成本低等优点，是目前大多数养殖户的选择。

室外简易蝇蛆养殖适合的季节一般为每年的4月末至10月中旬。

1. 简易养殖房的建造　场地选择在远离生活区，有树荫、但有一定光线，野生苍蝇较多的地方。面积应根据自己所需的产量而定，根据生产经验，平均每平方米产量为0.5千克左右。养殖房只要能遮雨就可以了。茅草房、水泥瓦房、树皮房都可以。房屋四周要用1米高的纱窗围起来，以防止鸡鸭等动物进入。养殖池要求采用简单的水泥池，每个池面积为1.5～2米^2，池边高20厘米。

2. 粪料的配制和放置　新鲜猪粪（猪排泄3天以内的）70%，鸡粪（一星期内的）30%；屠宰场的新鲜猪粪100%；鸡粪50%，猪粪25%，豆腐渣25%。把以上粪料混合，含水量在100%，把粪堆放成20厘米高，用农膜盖严，24～48小时后即可使用。由于是室外养殖，粪料也可以不用发酵，直接送进养殖池中即可。把发酵好的粪料送进蛆房，在每个池中堆放三条，每条长0.8米、宽0.2米、高0.15米。放粪的时间为每天下午的4点至5点。

3. 集卵物的配制和放置　由于在室外，集卵物可以有更多选择，可以把死鱼等直接放在粪堆上，也可以按照以下配方配制：以100千克粪料为例：麦麸1千克、鱼粉2两、花生麸3两、水1.5千克，混匀后就可放在粪堆上。放上集卵物以后，就禁止在蛆池边走动。

4. 日常管理 粪料放好，集卵物（开始几天最好是死鱼或鱼的内脏，以吸引野生苍蝇前来）放上后，在野生苍蝇较多的地方一般半小时内集卵物上就聚集了大量的苍蝇产卵，晚上9点要用少量集卵物把苍蝇产卵块盖上薄薄一层，以提高孵化率和减少蚂蚁等昆虫的伤害。苍蝇卵块会在第2天早上全部孵化，36～48小时蝇蛆已经把先前整齐堆放的粪堆爬得十分散乱，72小时最先长大的蝇蛆开始爬出粪堆自动分离掉入收蛆桶中，一般在第7天粪料中的蝇蛆已全部分离干净。

假设你的蛆池共14个，应该每天进粪两个池，第7天全部放满，第8天铲出第1天已出完蝇蛆的残粪，重新放入新的粪料。如此循环生产。

早上10点从收蛆桶中收取蝇蛆。铲出已出完蝇蛆的残粪，把其他池被蝇蛆爬得松散且粪已堆塞了池边的粪铲上粪堆中间，以免造成堵塞，蝇蛆分离时分不清路途。

室外简易养殖蝇蛆是不需要饲喂的。但为了苍蝇停留在养蛆房的周围不走，每天必须都要放新粪料和集卵物，苍蝇的食物主要来源于粪料和集卵物。

室外养蝇蛆由于无法消毒，因此养殖出来的蝇蛆必定带有不少有害细菌，建议使用前最好用万分之七的高锰酸钾水浸泡5分钟，再饲喂经济动物。

（五）开发利用蝇蛆养鸡的案例

1. 青岛久和园畜禽养殖专业合作社，昆虫鸡蛋卖高价 该合作社现有480米^{2}的昆虫生产车间，有种虫300万个，每天生产昆虫5万～6万个，供8 000只鸡食用。每天能生产符合标准的“昆虫鸡蛋”4 000多个，每天直接供应大商场的食品超市和国家体育训练基地。

该合作社每天保证每只鸡吃到5～6个自繁的虫子，据测定，

这种鸡蛋的蛋清黏稠度大，蛋黄圆呈橙色，味道香醇，口感筋道。蛋白质、维生素 E、钙等含量比普通鸡蛋高近 1 倍，胆固醇比普通鸡蛋低近 1 倍。长期食用“昆虫鸡蛋”能使人身体健康，提高免疫力。这种昆虫鸡蛋每个卖 2 元钱，是“洋鸡蛋”价格的 2～3 倍，且供不应求。

2. 育虫养鸡是代替饲料的好方法　河南省郸城县汲家镇的农民谭振，他家在养鸡、养鸭的实践中采取了人工育虫喂鸡、喂鸭的好方法，很好地解决了饲养成本高的这个难题，比购料喂鸡、喂鸭节约资金 60%左右，现将方法介绍如下。

他饲养的是黄豆昆虫。把黄豆浆、花生麸和猪血等放在缸中，上口要密封好，放缸的地方要保持温度 30℃左右。发酵 5 天后就开始出现蛆虫，形体如厕所的蝇蛆，但个体比蝇蛆略大。这种昆虫的繁殖力特别强。育虫时，同时饲养小鸡、小鸭，小鸡和小鸭一天天地长大，虫子一天天地增多。1 千克黄豆、1 千克花生麸、1 千克猪血配合育出的小虫就可养大 80 只肉用鸡。

黄豆昆虫是极优质的高蛋白动物饲料，并含有丰富的维生素等，营养丰富，极易被消化吸收，其消化性和适口性接近优质鱼粉，因而饲养鸡鸭生长发育快，增重率可提高 30%，60 天即可达到 2 千克左右。

人工育虫周期短、产量高、见效快，可广泛用于养鸡、养鸭、养鱼、养蛙及养鳖等。

3. “粪老板”一箭双雕制肥又养鸡　“粪老板”邱云生创办的云龙农业发展有限公司，是浙江省建德市当前唯一专门收集畜禽粪便生产有机肥的企业，为建德市不少规模养殖场解决了畜禽粪便处理难题。如今，云龙农业不仅制肥，还饲养了 3 000 余只黑羽乌骨鸡、贵妃鸡。这一切都是为了实现生产企业、养殖场和社会三方共赢。

2006 年，邱云生与某高校科研机构合作开发了高效水产养殖环境生物修复肥，利用分离粪便快速腐解新工艺制造出有机茶专用肥两个新产品，以新产品、新技术提高市场竞争力。2007

年，他还在洋溪建设了分场，以减少收集畜禽粪便的运输成本。

同时，他还用鸡粪培养蝇蛆，再用蝇蛆喂鸡。2006 年年底和 2007 年上半年，他先后从江西、江苏引进黑羽乌骨鸡、贵妃鸡，用蝇蛆和五谷杂粮养殖种鸡，这样既节省成本，又能确保种鸡和鸡蛋的质量。经过繁育，种鸡已达 3 000 余只。如今，已有本地和淳安、兰溪客户向他预订了 4 000 只苗鸡，只这一项收益就有 2 万余元。

4. 王太元养苍蝇致富 江西省兴国县埠头乡枫林村农民王太元，变害为宝，巧将人人望而生厌的苍蝇“编”进农业生产生态链，取得了极好的经济效益和生态效益。

前些年，王太元靠养鸡、养猪发了家，继而又拓荒种橘，搞起“鸡——猪——果”生态农业发展模式。经过处理，用鸡粪喂猪，猪粪则浇果、下田、种菜。他串起的这一生态链，使他近几年的年纯收入均在 15 万元以上。后来，他发现甲鱼苗销路畅，就建了个甲鱼池，专养母甲鱼。有一天，他准备给果园下肥，当他挖开沤熟了的猪粪，看见许多蛆虫时，突发奇想：能不能蛆虫喂甲鱼？他将一勺蛆倒进了甲鱼池。顷刻间，竟被甲鱼抢吃一空。王太元大喜，又蹲在粪堆前仔细观察，发现蛆虫原来都是苍蝇产卵生的蝇蛆。他想，苍蝇产蛆在猪粪上，猪粪在沤熟的过程中正好可以把蛆虫培养出来，何不利用猪粪大规模养苍蝇，那样，一年下来不就可以省下几万元的饲料投资。第二天，他编织出几只蔑笼，开始了笼养苍蝇。从此，可恶的苍蝇成了他生态链中重要的财源。

三、蚯蚓在人类中的重要作用

1. 蚯蚓的人工养殖技术 蚯蚓是高蛋白饲料来源，含蛋白质高达 66.5%，蚯蚓不仅可以用来喂鸡鸭，还可用来养殖特种水产动物，特别是对龟鳖养殖效果最佳。它为家禽、鱼类及特种水产动物的饲料开辟了蛋白质的新来源，也为改良土壤、处理垃圾和城市环境净化等找到了新途径。还为医药、轻化工业提供了

有价值的新原料。人工养殖蚯蚓，无须特殊饵料，又不与其他动物争食，用蚯蚓饲喂家禽，1千克鲜蚯蚓可转化为15个鸡蛋左右，或肉1.5千克。人工养殖蚯蚓，必将为飞速发展的家禽及特产养殖业带来巨大的经济效益，人工养殖蚯蚓成本低、产量高，是农民脱贫致富的好项目。

（1）蚯蚓的生活习性　喜温、喜湿、喜暗、喜空气、怕光、怕震，蚯蚓是变温动物，活动的温度范围是5～30℃，0～5℃休眠，32℃以上停止生长，40℃以上死亡，最佳温度范围为15～25℃，蚯蚓体内含水量80%左右，要求饵料含水量60%～80%。蚯蚓喜暗怕光，昼伏夜出，在安静的地方生活。

（2）养殖方法　养殖蚯蚓的方法大体可分为土法养殖和工厂化养殖两种。土法养殖是利用缸、盆、箱、筐、土坑等直接散养，工厂化养殖主要有棚式、水泥池和树林中养殖。

（3）饵料的投喂　蚯蚓是杂食性动物，饲料来源广泛。各种果皮、菜叶及居民生活垃圾、畜禽粪、动物残体等均是蚯蚓的好饲料。喂蚯蚓的饲料应经过发酵处理。饵料投放的方法不一，有的采用分层法，有的采用上投法或下投法。从目前生活实践经验来看，采用侧投法较好，即把新饵料投放在旧料的近侧面。让成蚯蚓自动进入新料中采食、栖息，而幼蚯蚓进入较慢、较少，因此，有利于成蚓、幼蚓、蚓茧的分离，使孵化与养殖分开，做到分群养殖，避免三代同堂混养。

（4）管理措施

①蚯蚓的投放量：种蚓每平方米放养1 000～2 000条，种蚓所产卵茧孵出的幼蚓即为繁殖蚓，每平方米放养3 000～5 000条，生产蚯蚓是以蚯蚓所产卵茧孵出的蚯蚓，每平方米放养20 000～35 000条。

②创造适宜的生活环境：养蚯蚓除了饲料外，还应注意生态条件，如饲料的含水量，通风性、温度、酸碱度及避光等，蚯蚓在生长期对饲料的含水量要求在70%左右，繁殖期为60%～66%，适宜温度范围为12～30℃，最佳温度为23℃。因此，在

炎夏和寒冬，要分别采取降温和保温措施。当蚓床温度升至32～34℃时，要早晚喷水，使温度控制在30℃以下，冬季应保持在15℃以上，将蚓床加厚达40～50厘米，饲料上用杂草、枯枝、落叶等覆盖，上面再加盖薄膜或稻草。饲料的酸碱度应保持中性，过碱则用磷酸二氢铵调整，过酸可用2%的石灰水或清水冲洗调整。

③防止蚯蚓逃跑：一是利用蚯蚓怕光习性，夜间设灯照；二是保持完全黑暗，这也是非常有效的防逃措施。

④防止敌害：蚯蚓不易生病，但有天敌危害，如粉螨、蚂蚁、寄生蝇、蜈蚣、老鼠、青蛙等。可用0.1%的三氯杀螨醇喷杀，防止敌害入土摄食，危害蚯蚓。

2. 冬季及初春养殖蚯蚓的方法 湖南平江县芒洞乡刘彦村的彭来斌从1985年开始研究探索“蚯蚓冬繁技术”并获得成功，从而打破了蚯蚓冬眠的习性，使其一年四季快速繁殖而获得高产，为解决养鸡、牛蛙、甲鱼等特种养殖的活食饲料开辟了新路，也为解决其他养殖业高蛋白动物性饲料找到了一个廉价的来源。冬养蚯蚓技术要点如下。

（1）场地选择 以保温性能良好的地下室、防空洞、薯窖、破窖为好。亦可选背风向阳的室外空地，选坐东朝西方向搭“人”字棚池或堆肥养殖。养殖地要求排水方便，无地下水、无农药污染、无敌害且相对安静。养殖池不能用水泥、三砂类材料抹池，以防积水。池长、宽、大小视养殖规模因地制宜。

（2）选用良种 蚯蚓种适应性能的好坏直接关系到养殖效果。土蚯蚓野性强，极易逃跑，不适合密集养殖，最好选用日本蚯蚓良种“大平二号”，这种蚯蚓性情温驯，群居性好，耐寒能力强，不易逃跑，年繁殖率在1 000倍以上。

（3）饲料调制 取牛粪60%、猪粪30%、肥活细土10%混合上堆，淋足水分，盖上地膜，高温发酵15天以上，充分发酵腐熟后抖撒排除有毒气体混合均匀，使RH值保持在6～9，然后用米汤淋湿，使其含水70%投放养殖池。先捉少量蚯蚓放在

饲料旁，而蚯蚓不肯爬入饲料内或只爬在表面，则说明饲料未充分腐熟或有毒需重新调制发酵，如很快爬入则表明饲料符合标准。

（4）保温　冬养蚯蚓的成败关键在于保温一环，室外养殖一定要选坐东朝西方向搭“人”字棚，遮挡风霜雨雪飘入，而且可使早晨日出太阳光从东向西照射到蚓床上，日落时阳光又从西向东照射蚓床上。为保证蚓床温度在15℃左右，蚓床表面要加盖稻草、地膜、利用半腐熟的牛粪草，上盖干稻草，再盖地膜，地膜上再盖稻草、地膜，利用半腐熟牛粪发热增温。

（5）饲养技巧　①冬养蚯蚓采用地膜稻草覆盖保温，蚓床空气流通不畅，蚯蚓呼吸氧气相对减弱，因此蚯蚓饲料堆积切忌过厚，不要压实，蚓床表面不要过于平整，要凹凸不平以增加蚓床的空隙堆积面，同时饲料中适当多混入稻草、麦秸等含粗纤维高的饲料，使蚓床空隙增大、疏松透气，②蚯蚓全靠自身湿润的皮肤进行呼吸，若饲料含水低于20％，则蚯蚓皮肤干燥不能呼吸，而发生痉挛致死，高于95％会导致窒息死亡或逃跑，故水分务必控制在65％～70％；③按照蚯蚓摄食由上而下的特点，每隔15～20天采用表层添加法投饵一次，蚯蚓喜食甜食，有条件的地方可加入米汤、烂梨、香蕉皮、南瓜、萝卜等切碎饲喂，这样生长速度和产卵数量增加十分显著；④大小混养的蚯蚓饲养密度以每立方米不超过2万条。密度过大会导致生存空间拥挤，食物和氧气不足，蚯蚓之间生存竞争加剧，使生殖力下降，增重减慢，出现逃跑或死亡。

3. 水蚯蚓的人工培养技术

（1）培养池的建造　要选择有水源保证的地方建池，可利用边角零星的土地修建，在种鱼场站可利用鱼池渗漏或排出的废水作水源，有条件的可引进无毒的生活污水培养，以降低生产成本。培养池一般以条形为好，池宽1～1.5米、长5～30米、深0.25～0.3米，比降2％～5％，进水口设在稍高的一端，稍低的一端设排水口，池底铺水泥板或打成“三合土”。

(2) 培养基的制备　鱼池底部的污泥、发酵的牛粪或鸡粪等都是制作培养基的好原料。有条件的地方，可在池底先铺垫一层甘蔗渣和糖蜜（糖厂的废弃物），再撒一层腐熟的畜禽粪，然后加水浸泡 2～3 天，再加入有机质丰富的肥泥（污泥）捣匀、推平后即可准备放入蚯蚓种苗。在下种前撒一层麦麸与米糠的混合发酵饲料（8∶1 或 9∶1）有利于提早采收和提高产量。

(3) 下种　水蚯蚓是雌雄同体、异体受精，我国长江流域以南地区一年四季都可引种培育。种苗可以采集当地污水沟、排污口及码头河湾等处的天然生水蚯蚓作为种子，也可以从市场上购买鲜活水蚯蚓作种。将蚯蚓均匀的撒布在培养基上，每平方米培育池用种量至少在 500 克左右，多则可达 2 000～3 000 克。

(4) 饲养管理　水蚯蚓的繁殖力很强，以 25～30℃时产卵量最大、孵化率最高。水蚯蚓以腐败的有机质为食，特别喜食带有酸甜味的发酵麦麸等。在高密度强化培育时，光靠施肥补充有机质显然不够，因此必须适量补饲，根据情况一般可 3～5 天补饲 1 次。在补喂料时应关闭进水口，以防饲料随水流散失。

培育池的水深以 3～5 厘米为好，生产实践证明，过浅或太深均为不利于水蚯蚓的生长。盛夏时期为避免太阳晒死幼蚓和蚓卵，可适当加大水深。培育池的水通常应保持缓慢流动状态为好。进水口和出水口均应设牢固的过滤网布，以防敌害生物进入。另外要经常注意清除池中生产的青苔、杂草及有害水蚯蚓生产的生物。

(5) 采集　水蚯蚓喜欢群集于培养基表层 3～5 厘米处，有时尾部微露于培养基泥外。当水中缺氧时，常以其尾鳃伸出基泥面水中颤动呼吸，严重缺氧时则会离开培养基泥集合成小团浮于水面。采收水蚯蚓产品就是利于它的这一生物特性来进行的。具体采收方法如下。

①造成蚓池的缺氧环境：前一天傍晚减少池水流量或截断水流，造成蚓池池水缺氧，第二天早晨就可捞取成团的水蚯蚓。

②用聚乙烯网布淘洗：为了清除混杂其中的泥土、青苔，把

捞取到的水蚯蚓放在网布里用清水淘洗一遍，然后装在大盆子里，表面盖一层湿纱布，另用一个口径相同的空盆反扣上，静止2小时，揭开扣盆，可见纱布上面便是厚厚的一层纯净的蚯蚓了。纱布下面的渣滓里，还有少量的水蚯蚓和大量蚓卵，应将其放回培育池中，不要丢弃。

③采收：一般情况下种20～30天后就可以采收了。每平方米每次可采收250～2 000克不等，每次采收后要及时打开培育池的进口和排水口，让池水处于缓慢流动状态，以利于蚯蚓的生长和繁殖。5～9月份天天都可以采收。如饲养管理得当，每亩培育池中产水蚯蚓1 500～2 000千克，经济效益十分可观。

4. 蚯蚓的几种简易饲养技术

（1）坑道养殖法　该方法操作简便，可直接在地下挖坑作为养殖场地。坑深50～60厘米，宽100厘米，长短不限，将坑底夯实，坑壁锤紧，以防蚯蚓逃走。然后分层放入蚯蚓和饲料，表面用破麻布或稻草、树叶覆盖，使坑道内的湿度保持在60%左右，温度不得超过37℃。如夏季特别炎热，地温超过这一温度时，要经常淋水，必要时搭荫棚降温。此法适合野外养殖。

（2）池式养殖法　建一水泥池或用砖头砌成，建在室内或室外均可，大小根据情况而定。一般深45厘米，池内铺30厘米厚的饲料；若建在室外，池边还要留一个排水孔，以便雨季到来时排出积水，这种池子最好用覆盖物盖上，以便保温、保湿、避光。

（3）箱式养殖法　箱式养殖分为小型箱养殖和大型箱养殖。小型箱为长50厘米、宽30厘米、高25厘米的木箱，这种箱便于排列、搬动及垒叠。大箱长150厘米、宽90厘米、高60厘米，箱上要加保护盖，这样便于遮光保湿。箱式养殖可利用旧房或大棚饲养。

（4）盆、缸养殖　将盆或缸底部钻些小孔，底部放一层肥土，然后放上饲料，高度以超过60厘米为好。上层覆盖麦秸、稻草。此法在阳台、屋角等窄小地方饲养。

蚯蚓的食性很广，如木屑、稻草、树叶、污泥、粪便、农作物秸秆等。总体上饲料成分的配比是粪类60%～70%；草类30%～40%，具体配方根据各地情况就地取材。管理方法上基本一致：每平方米投种2 000条，热天淋水降温，冷天铺盖破麻布、稻草、树叶等保温。每星期添加一些用木菇粉或稻谷粉、玉米粉调成的浆液，如有红、白糖及猪、牛生血配制更好。从种蚯蚓投放到收获需25～27天，如管理得当，每平方米可产30千克。收集方法是利用蚯蚓怕光、怕热的特点，把带蚓的饲料放在光线较强的地方，蚯蚓很快下沉，然后用手或刮板逐层刮开饲料，则剩下蚯蚓在底层。

5. 利用牛粪积肥养蚯蚓新法　由于受季节的限制，农村积肥通常是先堆放几个月，冬季积肥春耕施用，夏季积肥秋季施用。畜禽粪几个月的闲置堆放其实是一种资源浪费。在粪肥积存期间先用来养殖一回蚯蚓，既能提高畜禽粪肥效，不影响施肥，又能在短期内获得大量蚯蚓，一举两得。方法简介如下。

（1）把畜禽粪堆放成立方体，积存20多天以后，每立方米粪肥放养10～25千克蚯蚓，粪堆上覆盖10厘米麦秸或稻草等，夏天防日晒，冬天防寒冷（覆盖塑料膜更好）。

（2）根据蚯蚓循层采食的规律，每30～60天添1次新粪，添粪时可去掉覆盖物，刮开表土采收蚯蚓，也可不采收蚯蚓。继续养殖扩群，把新产畜禽粪紧挨老粪堆旁边堆放，蚯蚓就会迁移到新粪堆中采食。数天后，老粪堆中蚯蚓已很少，可运走或施入大田。

（3）降雨、降雪时，要用塑料薄膜覆盖粪堆，这样既可防止粪土流失，又能避免降雪时蚯蚓死亡或逃跑。

（4）畜禽粪被蚯蚓采食后，体积不减，每克粪中被蚯蚓输入$2\times10^{5\sim8}$个益菌，转化成颗粒均匀、无味卫生的蚯蚓粪。此畜禽粪透气保水，种肥效高出3～5倍，既是水土改良剂，又是高效生物肥。

（5）以全年6～12次堆放畜禽粪，积肥总量12米^{3}计算，

可产鲜蚯蚓 300～600 千克，可养 300～600 只鸡。既提高了畜禽粪肥效，不误施肥，又生产出优质蛋白质饲料。

有资料报道：3 吨牛、猪粪可生产蚯蚓 1 吨，干蚯蚓每吨可售 3.5 万元，鲜蚯蚓每吨可售 6 000 元。

四、培育各种杂虫喂鸡的技术

1. 稀粥育虫法　选三小块地轮流在地上泼稀粥，然后用草等盖好，两天后即可生小虫子，轮流让鸡去吃虫即可，注意防雨淋、防雨浸，下同。

2. 稻草育虫方法　挖一宽 0.6 米、深 0.3 米的长方形土坑，将稻草切成 6～7 厘米长，用水煮 1～2 小时，捞出倒入坑内，上面盖上 6～7 厘米厚的污泥（水沟泥或塘泥等，下同）、垃圾等，最后再用污泥压实，每天浇一盆洗米水，约过 8 天即可生虫子，翻开让鸡啄食即可，食完后盖好污泥等照样浇淘米水，可继续生虫子。

3. 豆饼育虫法　把少量豆饼（花生麸等）粉碎后与豆腐渣一起发酵，发酵好后再与秕谷、树叶等混合，放入 20～30 厘米深的土坑内，上面盖一层污泥，再用草等盖严实，经过 6～7 天即可生虫子。

4. 豆腐渣育虫法　把 1～2 千克豆腐渣倒入缸内，再倒入一些淘米水，盖好缸口，过 5～6 天即可生虫子，再过 3～4 天即可让鸡采食蛆虫。用 6 只缸轮流育虫可满足 50 只鸡的采食需要。

5. 腐草育虫法　在肥地挖宽约 1.5 米、长 1.8 米、深 0.5 米的土坑，底上铺一层稻草，其上铺一层豆腐渣，然后再盖层牛粪，粪上盖一层污泥，如此铺至坑满为止，最后盖层草，经 1 周左右即生虫子。

6. 牛粪育虫法　在牛粪中加入 10％的米糠和 5％的麦糠（或 0.1％酒粉饼）拌匀，堆在阴凉处，上盖杂草和秸秆等，后用污泥密封，约过 20 天即生虫子。

7. 酒糟育虫法　酒糟 10 千克加豆腐渣 50 千克混匀，在距离房屋较远处堆成馒头形和长方形，过2～3天即可生虫子，5～7天后可让鸡采食蛆虫。

8. 马粪育虫法 在较潮湿地挖一长和宽各1～2米、深0.3米的土坑，底铺一层碎杂草，草上铺一层马粪，粪上再铺撒一层麦糠，如此一层一层铺至坑满为止，最后盖层草，坑中每天浇水一次，经1周左右即生虫。

9. 杂物育虫法 将鲜牛粪、鸡毛、杂草、杂粪等易生虫子物混合加水调成糊状，堆成1米高、1.5米宽、3米长的育虫堆，堆的顶部及四周用稀泥抹一层，再将堆顶用草盖好，以防太阳晒干，过7～15天即可生虫子。

10. 麦糠育虫法 在庭院角落堆放两堆麦糠，分别用草泥（碎草与稀泥巴混合而成）堆起来，数天后即可生虫子，轮流让鸡采食虫子，食完后再将麦糠等集中起来堆成堆，照样糊草泥，又可继续生虫子。

11. 猪粪发酵育虫法 每500千克猪粪晒至七成干后，加入20%的肥泥和3%的麦糠拌匀，堆成堆后用塑料薄膜封严后发酵7天左右；挖一深50厘米的土坑，将以上发酵料平铺于坑内达30～40厘米厚，上用青草、草帘、麻袋等盖好，保持潮湿，20天左右即可生大楞蛆虫、蚯蚓等。

12. 杂草育虫法 用半干半湿的牛粪拌上杂草、酒糟、鸡毛等，洒水搅拌成糊状，堆成2～3尺高，顶部和四周抹上一层薄薄的稀泥、盖上草，1～2周后即可。

13. 培养白蚁法 挖一深70～100厘米的窖，放入33厘米厚的青草和松枝，浇上淘米水再盖层厚土，1周后挖开窖，让鸡自行啄吃。然后盖上原土，浇淘米水或菜汤，几天后又可开窖喂鸡。

14. 混合育虫法 挖一深约33厘米的方形窖，底部铺一层稻草，再铺上21～24厘米厚牛粪，最后加一层薄土，每天浇一次水即长出大量蚯蚓和小虫。

15. 树叶育虫法 树叶或青草80%，细糠20%，放入锅内

拌匀，加少量水煮熟，然后入缸或池内，夏季经 5～7 天便可育出蛆虫。

16. 黄豆育虫法　将 0.5 千克黄豆用温水浸泡磨成浆，用装 40～45 千克的水缸，将豆浆倒入，再加 10 千克水搅拌均匀，然后加 2～2.5 千克鲜猪血拌匀，缸口用破麻袋盖严，在阳光下晒 2～3 天，再加 0.5 千克花生麸，过 1 周后即可长出小蛆虫。

17. 松毛育虫法　在地上挖一个 70～100 厘米深的土坑，放入 30～50 厘米厚的松毛（松树针叶），倒入适量的淘米水，再盖上厚 30 厘米的土，7 天后可生出小虫。吃完后再填入松毛、浇水、封口，循环生产。

18. 人粪育虫法　在地上挖一个深 17 厘米的土坑，坑底铺稻草，上面加粪，盖草帘，7 天后即可生出虫子。

19. 培育轮虫法　轮虫又称鱼虫、红虫、水蚤等，主要是指海、淡水浮游动物中的枝角类和桡足类。轮虫营养丰富，含蛋白质 60.4%、脂肪 21.8%、糖 1.1%、灰分 16.7%，此外还含大量的维生素 A。具体培育方法如下。

（1）培育池条件　要求背风向阳，排灌水方便，水质无污染。面积可大可小，最多用 3～6 亩*，水深 0.5～0.8 米，池底有 0.1～0.2 米厚的淤泥。池塘使用前用生石灰彻底清塘消毒。

（2）施肥接种　池塘消毒 1 周后，注水 0.6～0.8 米，并亩施有机肥 300～500 千克，水温 20～25℃，施肥 8～10 天后轮虫产量可达高峰（5 000～10 000 个/升），此时水色呈灰白色。高峰期可持续 3～5 天，此后轮虫数量迅速减少。为了抑制枝角类轮虫大量发生和延长轮虫高峰期持续时间，可泼洒适量敌百虫。

（3）投饵和追肥　常规培育法主要采用泼洒豆浆和适时加水来延长昆虫生产高峰，一般每天亩施豆浆 50 千克。为了维持藻

---

* 1 亩＝666.67 米^2。

类的数量，要定期追肥，每5天左右亩施有机肥100～150千克或化肥10千克。

（4）日常管理 第一，通过适时适量追肥，培养藻类，维持藻类数量。第二，控制水位，尤其要防止炎热夏季因水分大量蒸发造成水位下降，或下雨天水位上升。第三，要注意水质变化，轮虫大量繁殖会引起池水发生变化，如透明度增大、RH值下降等，必须通过施肥注水加以调节。

（5）合理采捕 轮虫的繁殖速度与密度有关，密度小、繁殖快，反之繁殖慢。因此，适时适度地采捕是提高轮虫产量的关键。在大面积培养池中，可用18号或14号浮游生物网沿着池边捞捕。轮虫有趋光性，晚上可灯光诱捕。捕捞的轮虫可直接喂养蟹、鱼、鸡等水产品，如将其加工成虫干，则是观赏鱼的最佳饲料。

五、夏季自繁潮虫喂鸡好

繁殖潮虫（扁皮虫）喂鸡，可增加鸡所需的蛋白质，节约饲料，降低饲养成本，使鸡多产蛋。潮虫具有清热、解毒的作用，夏季炎热，用潮虫喂鸡可以防止中暑。

繁殖潮虫的方法是：在潮湿的屋内或院墙根阴凉处挖若干道深度为15厘米左右的土槽，槽内平放旧青砖数行，砖与砖之间留有5～8厘米的空隙，并塞些小石子。然后在各槽内放入10～20克潮虫，作为繁殖“种子”，上面用玉米秸加盖，其上再铺一层10～30厘米厚的废坑土，但要留通风口，每日用淘米水喷洒数次，10～12天后第一次开槽，以后每隔3～4天开一次槽即可。用此方法，整个夏季每平方米可繁殖潮虫近万只。

饲喂方法：开槽后，捉潮虫（数目视鸡只多少而定）煮熟（以防引起疾病），初喂鸡，每只每天喂10～30只，最多不能超过50只，以后可逐渐增加一些。但天凉后，尤其雏鸡不可多喂，以防引起胀肚而消化不良，影响雏鸡生长和蛋鸡产蛋。

六、诱捕昆虫喂鸡好处多

利用昆虫喂鸡，主要有以下好处：①在农田、草地、山坡等处到处都有昆虫，且95%以上都是害虫，放鸡吃虫是利用生物防治农牧业害虫的一个有效途径。②大部分昆虫含蛋白质占干重40%以上，其中蝗虫61.5%、金龟子57%，蛴螬48.1%，蚜虫48%，还含有10%～20%的脂肪及其他鸡需要的营养成分，可以作为重要的蛋白质饲料来源。③昆虫蛋白生物效价高，有利于鸡禽吸收利用。据北京市畜牧兽医研究所试验：喂虫组产蛋率比对照组高26.9%～42.3%，节省饲料20.3%～33.7%。

诱捕昆虫，主要是利用其对光或其他化学物质的趋性及其他生活习性进行诱集和捕捉。主要方法如下。

1. 利用某些昆虫趋光性　结合除治害虫，应用黑光灯、日光灯诱虫，特别是在昆虫活动繁殖季节，如果分布合理，每盏黑光灯可诱集20～30千克昆虫。

2. 利用某些昆虫对颜色的趋性　如金盏黄色对蚜虫、粉虱有较强的诱集作用，可以在田间悬挂黄色塑料布诱集蚜虫和粉虱等昆虫。

3. 利用某些昆虫喜欢钻阴暗处栖息的习性　在青草生长旺季，结合打草晒草诱虫放鸡，即将青草割下，平铺地面，次日带领鸡群，人在前边用杈翻草，鸡在后边啄食从草下跳出的昆虫。

4. 利用某些昆虫对粪肥的趋性　在村旁或地边堆积畜粪或其他沤制肥料，诱集蝼蛄等昆虫，隔两三天翻倒一次，任鸡啄食，可反复利用多次。

第九章 土法预防及治疗鸡的主要疾病

一、细心观察鸡群，有病及早知道

在鸡群中一旦出现患病的鸡，必须立即隔离治疗。否则，不但影响产蛋和增重，而且容易使疫情暴发和蔓延，危及全群，造成大批死亡。因此，养殖者应经常细心观察鸡群的动态，以便及时发现病鸡，采取有效预防和治疗的措施，减轻或避免重大损失。

1. 鸡的整体观察

（1）观察鸡群动态　首先要进行静态观察。就是在鸡群安静的情况下，观察鸡群有无咳嗽、气喘、呻吟、流涎、嗜睡、狂叫及离群独处一角等病理现象。其次是动态观察，驱赶鸡群使其奔跑、行走，观察站立姿势，有无跛行、瘫痪等现象。

（2）观察采食量　健康鸡群灵活好动，特别是往食槽放食时，争先恐后，争抢位置，大有怕吃不到食的样子。吃饱食后，马上离开。如果鸡患病，精神委顿，采食量明显下降，在排除气候、饲料变质等不良影响因素之外，应立即找出病因，采取治疗措施。

（3）观察产蛋状况　一是观察产蛋时间。一般情况下，70%～80%的健康鸡于中午12时以前产蛋，其余20%～30%于下午2～4时前产完蛋。如果发现鸡群产蛋参差不齐，甚至夜间产蛋，均是有病的表现。二是观察产蛋量。在产蛋高峰期，产蛋数量稍有差异是正常的，但如果上下起伏、波动较大，说明鸡有潜在性病症。三是观察鸡蛋质量。正常蛋壳表面均匀略有些粗

糙，呈褐色或褐白色。如果出现软壳蛋、薄壳蛋，多是维生素 D_3 缺乏或比例不当所致；蛋壳如果有麻斑点，说明是输卵管或泄殖腔发生炎症的初期，蛋壳如果有绿色斑点，分泌过多黏液与少量血色素混合所致；如蛋壳较薄或薄厚不均，说明卵管松弛、延迟产蛋或输卵管收缩功能降低，产蛋缓慢所致；蛋壳粗糙、畸形蛋是输卵管炎症的表现。

（4）饮水情况观察　注意饮水是否干净，有无污染，饮水器或水槽是否充足、清洁、水流是否正常，有无不出水或水流外溢，鸡的饮水量是否正常，防止不足和过量。正常的饮水是鸡健康的保证。

一旦发现鸡群采食量减少、饮水量剧增，在排除温度过高、长时间供水不足、饲料中食盐含量过高等客观因素外，就可确定鸡群中已有疾病发生。例如，所有的热性病和球虫病的早期均可引起饮水量剧增。反之，如鸡舍内温度太低或鸡群处于濒死期，饮水量会减少。

（5）鸡的呼吸观察　鼻是呼吸气体的通道，呼气正常则鼻窍通利。如鼻腔流出少量黏性或脓性分泌物，多见于传染性鼻炎、慢性呼吸道病、鸡霍乱、传染性支气管炎等。另外，张口伸颈、呼吸困难、有喘鸣音，常见于鸡新城疫，传染性喉气管炎、禽流感、黏膜型鸡痘、传染性支气管炎、传染性鼻炎及曲霉菌病等。

（6）观察有无啄癖　若鸡群中有啄肛、啄趾、啄羽、啄尾等恶癖症，应察明原因，采取有效措施，防止造成更大损失。

（7）观察鸡眼睛　许多与肝有关的疾病通常从眼睛上表现出来，例如，眼虹膜退色、瞳孔收缩、边缘不整齐，主要见于马立克氏病。

眼角膜晶状体浑浊，常见于传染性脑脊髓炎、马立克氏病等。

眼结膜肿胀、眼内积聚有乳白色干酪样物，常见于慢性呼吸道病、传染性喉气管炎、大肠杆菌病、维生素 A 缺乏症等。

眼结膜充血，往往是传染性喉气管炎或中暑引起的。另外，鸡痘、鸡结膜炎、眼线虫病等在眼部均能表现出来。

（8）观察排泄物　主要观察病鸡的排泄物、分泌物、呼出气体和口鼻的气均有异常味道。进入鸡舍如果能闻到腥臭、酸臭、氨味、大蒜臭或羽毛烧焦味等异味，就要及时查出病鸡。

（9）观察皮肤　皮肤是鸡体的外在天然屏障，许多病菌的入侵均能引起皮肤发生异常变化。如皮肤上有蓝紫色斑块，多见于维生素 E 和硒缺乏、葡萄球菌感染、坏疽性皮炎等。若皮肤上有痘痂、痘斑，主要见于鸡痘。若皮肤粗糙、眼角及嘴角有痂皮，多见于泛酸或生物素缺乏或体外寄生虫病。另外，剧烈活动等也可引起气囊破裂，进而引起皮下气肿。

（10）观察体位　雏鸡瘫痪、头颈震颤，多见于传染性脑脊髓炎、新城疫等疾病。

鸡出现扭颈、抬头望天、前冲后退、转圈运动，多是由于发生鸡新城疫、维生素 E 和硒缺乏或维生素 B 缺乏等。

鸡侧卧地面、不能动弹、浑身打战，主要见于中毒、肉鸡限饲阶段无料日的第 2 天采食过度等情况。

鸡腿骨弯曲、运动障碍、关节肿大，常见于维生素缺乏、钙磷缺乏、病毒性关节炎、滑膜支原体病、葡萄球菌病、大肠杆菌病、锰缺乏或胆碱缺乏等。

鸡群高度兴奋、不断奔走鸣叫，主要见于药物、毒物中毒的初期。

2. 鸡的粪便观察　健康鸡的粪便干燥，质地较硬，上尖下钝，尖端白色，钝头稍带黑褐色或黄褐色。在高温下或饮用葡萄糖水后，蛋鸡饮水增加，可使粪便稍稀软；饲喂青绿饲料较多的蛋鸡，粪便略呈淡绿色；喂黄玉米较多的鸡则呈黄褐色，这些都是正常粪便，病理状态下的蛋鸡粪便，则有如下变化。

（1）剧烈腹泻，排黄绿色、灰黄色、暗红色、稀粪便的，一般为鸡瘟、鸡霍乱或鸡伤寒。结合腺胃黏膜出血、小肠出血坏死、肝肾无变化等特点，则可断定为鸡瘟；若肝表面有许多白色

坏死点，脾脏表面有许多白色坏死点，脾脏不肿大，肉髯变色肿胀，则可判定为鸡霍乱；若肝脾皆肿大3倍以上，胆囊肿大，胆汁淤积，卵巢出血、变形、变色，则为鸡伤寒。据此对症下药，或接种疫苗，或注射抗生素、饲喂抗菌药物进行防治。

（2）排白色、淡黄色、黄白色、淡绿色稀粪，一般为隐性鸡白痢或鸡大肠杆菌病。结合卵巢萎缩、卵黄变色变性、肝肿大、脾有坏死点，以及全血平板凝集试验阳性，则可判定为鸡白痢；结合肝、心、脾的浆膜、黏膜有不同程度出血点，肝实有小病灶，输卵管内有纤维素性渗出等，可判定为鸡大肠杆菌病。

（3）严重腹泻，排暗红、鲜红色血粪，夹带淡黄色、淡绿色稀粪，一般为鸡球虫病，或鸡单胞虫病，或鸡盲肠肝炎，或黄曲霉素中毒，结合小肠和胃肠肿大、充血、坏死，以及粪便镜检球虫卵，可判定为球虫病；若盲肠肿大，内容物质硬、黏膜严重出血，肝肿大、有放射状坏死溃疡灶，面部皮肤呈黑色或蓝紫色，则可判定为鸡单胞虫病；盲肠肿大、肠管被干酪样凝固物堵塞、肝脏凹陷性溃疡灶，则可判定为鸡盲肠肝炎；若皮下出血、肝变性、肾充血肿胀，则为黄曲霉素中毒。应立即停料换料，或驱虫，或用抗生素，对症下药进行治疗。

（4）排水样稀薄粪便，一般为应激性伤风感冒，表现是流鼻液、眼泪，打喷嚏。可喂服抗生素和阿司匹林。食盐中毒表现剧烈腹泻，同时具有先兴奋、后沉郁的精神症状，剖检腺胃黏膜出血，饲料检查盐分偏高。可立即换料，低剂量抗生素饮水治疗。

（5）排白色黏性恶臭分泌物，一般为鸡前殖吸虫病或鸡白带病。若输卵管萎缩，剖检输卵管发现吸虫，则为鸡前殖吸虫病，否则为白带病。前者可用驱虫药擦泄殖腔和输卵管驱虫，后者可用消毒药及抗生素治疗。

3. 鸡冠和肉髯的观察　鸡头为“诸阳之会，元神之腑”。鸡的各种疾病首先在头部展示。鸡患盲肠肝炎，称为：“黑头病”；鸡患马立克氏病，称为“白眼病”；鸡患霍乱病，称为“大头瘟”。故我们称头为鸡病的“报警器”。

健康的鸡冠大、肥润、颜色鲜红，组织柔软光滑，肉垂左右大小相称，丰满红润。鸡冠和肉垂颜色的改变是病态的明显标志。通常鸡患病之后，它的冠和肉垂会出现以下几种颜色变化。

（1）冠苍白 常见于内脏器官、大血管出血，或受到寄生虫的侵袭（蛔虫、绦虫）；也见于慢性疾病、结核、淋巴性白血病、肝破裂、马立克氏病、营养缺乏症等。

（2）冠发绀 常发生于急性热性疾病，如鸡新城疫、鸡流感、鸡伤寒、急慢性鸡霍乱和螺旋体病；也见于呼吸系统的传染病，鸡败血性支原体病和中毒病等。

（3）冠黄染 发生于红细胞性白血病、螺旋体病和某些原虫病（鸡住白细胞原虫病）。

（4）冠萎缩 常见于慢性疾病，初开产的蛋鸡突然鸡冠萎缩，为淋巴性白血病。

（5）冠水泡、脓疱、结痂为鸡痘的特征，鸡头肿大，常发生于鸡传染性鼻炎和流感。

（6）鸡冠发紫、发黑，可能为鸡新城疫、鸡霍乱、维生素 B_1 缺乏症，或其他热性病。

（7）鸡冠黑紫或暗红色，多见于鸡霍乱、鸡伤寒等急性传染病。

（8）鸡冠及头部呈蓝色，是单核细胞增生症，如果呈蓝紫色，则与球虫病有关。

（9）鸡冠有出血斑点，呈暗红色，摸有热感，多为鸡大肠杆菌病。

（10）鸡头左右摇甩，冠部呈灰色，伴有呼吸症状，多见于鸡线虫病。

（11）肉髯水胀，应考虑慢性鸡霍乱或传染性鼻炎等症。

（12）肉髯和鸡冠上有白色斑块，主要是由冠癣引起。

（13）肉髯肿胀，慢性鸡霍乱常发生一侧或两侧肉髯肿大，传染性鼻炎一般两侧肉髯也出现肿大。

二、鸡病的预防程序

1. 预防马立克氏病　雏鸡出壳后第一天，用马立克氏病疫苗进行颈部皮下注射 0.2 毫升。

2. 预防消化道疾病　开食前用 0.2%的高锰酸钾水溶液喂鸡，隔 3～5 天再喂 1 次。

3. 预防法氏囊病　用法氏囊疫苗滴鼻或饮水，5～7 日龄进行第 1 次，15～17 日龄进行第 2 次。

4. 预防鸡痘　7～10 日龄，用鸡痘疫苗 1∶50 倍稀释进行接种，免疫期 5 个月。

5. 预防鸡出血败病　60 日龄用禽出血败疫苗肌内注射，每只鸡 2 毫升，免疫期为 6 个月。

6. 预防球虫病　用中药常山 200 克、柴胡 60 克，加水 400 毫升，煎至 250 毫升备用。预防时每只鸡 5 毫升，每日 1 次，连服 3～4 天，治疗时用量加倍，治愈率 94%，预防为 100%。

采用中草药“五草饮”防治，收到良好效果，现介绍如下。

方药：旱莲草、地绵草、败酱草、翻白草、鸭跖草各等份，水煎取汁，鸡饮服或喂服。鲜品预防量 4～6 克/只，治疗量 8～10 克/只；干品预防量 0.5～1 克/只，治疗量 1～2 克/只。每日 1 剂，连用 3～5 天。

我们采用防重于治的方针，就是未病先防。上述中草药即可防治，一旦发病，可加大用量。用鲜品效果较优。五草饮既能药到病除，又可免生旁弊；它不仅能直接杀死病原体，还能调节机体免疫功能，所以说对防治球虫病是行之有效的。

三、鸡瘟（新城疫）的简易诊断

鸡瘟一年四季均可发生，但以春、秋季发病最多，早期诊断鸡瘟可用四个字概括：“一看、二摸、三提、四拍”。

一看：左手倒提鸡，用右手的拇指和食指轻轻翻出鸡的肛门，健康的鸡肛门的颜色和人的指甲颜色（嫩肉色）相近，已受感染的鸡，肛门内有红色、暗红色、紫色的斑块，斑块越大，颜色越深，感染程度越重。

二摸：左手倒提鸡，右手从鸡大腿下端向趾骨端摸，两端温度一样是健康鸡，趾骨端温度较低的是已受感染的鸡。低温的部分占的比例越大，两端温度相差明显，感染的程度越重。

三提：用手把鸡的双脚倒提起，从鸡口中流出连成串的唾液，健康鸡没有此症状。

四拍：左手抓鸡的双脚，头向上，把鸡贴近身，右手轻轻拍打鸡的背，受感染的鸡会发出“咯咯”的怪声，健康鸡不会发出怪声。

四、鸡瘟的土法预防方法

（1）取大蒜一头，捣烂，放入0.5千克饲料中搅拌均匀，一只鸡一天喂50克，10天为一个疗程，停3天后再喂。

（2）大蒜浸泡在酒里24小时，一只鸡一天喂1～2个蒜瓣，连喂8～10天。

（3）用2%～3%的盐水浸泡小米3天，然后捞出喂鸡，连喂7天以上。

（4）在饲料中加入少量白矾和生姜，每隔10天喂1次；如果出现病鸡，每隔7～8天再喂1次。

（5）用猪苦胆浸泡绿豆7～8天，一只鸡每次喂3～5粒，日喂2次。

（6）将仙人掌捣烂如泥，一天2次喂服，连喂2～3天。

（7）用兔的粪尿拌饲料喂鸡，可提高鸡的抗病力。

（8）用尿盆中的尿痞拌饲料喂鸡，一天2次，连喂3天。

（9）用1%的来苏儿对鸡体、鸡舍进行喷雾，可预防鸡瘟。

（10）当鸡瘟流行时，不管是否发病，给每只鸡喂一片糖精，就能预防鸡瘟。

（11）将白矾和绿豆按1∶3的比例碾成粉末，加水调成糊状喂病鸡，每天3次，每次2汤匙，连喂7天。

（12）将500克麦麸与250克醋拌和，在鸡瘟流行时，连喂

7天。

（13）用新鲜人尿浸泡小麦1～2天，在鸡瘟流行时，连喂4～5天。

（14）用卷烟过滤嘴治疗流行鸡瘟。方法是取用过的海绵过滤嘴，去掉外层，纸切碎搓成小球，塞入鸡嘴，用冷开水冲服。2月龄的病鸡服半个，成年鸡用量稍大。每天早、晚各服1次，连服2～3天即可。

（15）商丘市李庄乡张庄村青年农民王保忠，喂养的54只鸡，从去年到现在，从不闹鸡瘟，产蛋又多又大。他的主要办法是：每只鸡每月喂3只蝎子。

（16）黄连、生石膏各适量，煎水去渣，拌饲料喂鸡，每周2～3次，可预防鸡瘟。

（17）黄连、黄柏、黄芩、栀子各等分，煎水喂鸡或拌料喂鸡，可预防鸡瘟。

（18）在鸡舍内顶部放卫生球，可预防鸡瘟。

（19）用樟树叶及嫩梢垫鸡窝，每天晚上每平方尺* 200～300克，可预防鸡瘟。

（20）气雾法　鸡瘟气雾免疫法，具有操作简单、省力、效率高、反应少等优点。选用的疫苗有Ⅱ系（B株）、Ⅲ系（F株）、Ⅳ系（Lasota株）和Ⅰ系（Mukteswar株），除40日龄以下雏鸡不用外，均可用气雾法免疫。

（21）饮水免疫法　其一：雏鸡20日龄时，每日按100只鸡用0.3毫升Ⅰ系鸡瘟疫苗混于500～1 000毫升水中，供鸡饮下，连续3天，接种前一天应减少鸡的饮水量。

其二：将保存冰块的保温瓶里的Ⅱ系疫苗（现用现取），按1毫升疫苗免疫100只鸡的剂量计算饮水量，在30日龄时按每只鸡饮水15毫升（夏季可多5毫升）。疫苗稀释后马上放入饮水器内，让鸡群在半小时内饮完。为保证效果，每两天可再重复

---

* 1平方尺≈0.11米^2。

1次。

（22）胚胎免疫法　目前已试验成功了一种“鸡终身免疫法”，即胚胎免疫法。具体做法是：在鸡蛋孵化到16日龄时，用针在鸡蛋小头刺破一个针眼大的洞，将稀释1 000倍的Ⅱ系新城疫疫苗注射0.1毫升（约2滴）。注射时不要碰伤蛋中小鸡。注射后用胶布封住破口继续孵化。所试验的40只鸡出壳后无一患病。为考核免疫效果，把其中的4只放入鸡瘟群中，结果未感染，又将瘟鸡肝脏粉碎拌入饲料内喂过一部分鸡，仍未发生瘟疫。

（23）雏鸡三联疫苗　鸡新城疫、鸡支气管炎和鸡痘是鸡的急性常发性传染病，是养鸡专业的大敌。目前，国内均采用单价疫苗，预防三种病需同时接种三种疫苗，操作3次，费工费时。为此，全国禽病研究会会员、华中农业大学基础研究会理事梁圣译教授经4年的研究，发明了同时预防这三种病的三联冻干活疫苗。经20余万只鸡使用表明：100%安全，保护率85%以上，无不良反应，对1～7日龄以上的鸡翅注射，点眼、喷雾免疫等方法均可接种成功，是一种成本低、效益高的预防鸡病良药。以上方法预防效果可靠。

五、鸡瘟的土法治疗

（1）用中草药穿心莲拌入鸡饲料中喂鸡，一日3次。

（2）用中草药牛黄上清丸，连喂3～4天。

（3）用兔粪尿拌大（小）麦或其他杂粮喂鸡，可增强鸡瘟的抗病能力。

（4）硫黄3克，研细末，高粱米一把，（用水浸泡高粱米后）掺硫黄粉喂鸡。

（5）小鸡发生鸡瘟，可将牛黄解毒片溶解喂鸡，3天即可康复，以后每半个月再喂一次。

（6）鸡瘟出现后，每日晚上给每只鸡喂服2粒“猴头菌”药片，连喂5天，可防治鸡瘟。

(7) 用缝衣针扎破鸡冠放血，一星期内病鸡可痊愈，成功率达100%。

(8) 救急水疗法　取氨基苯乙酯1克，颠茄酊2.5毫升、缬草酊20毫升相混成液，每只鸡每次灌服2毫升，每天3次，连服2天，病可愈，未发病鸡可灌服1次预防。

(9) 巴豆疗法　巴豆除壳研碎，兑适量蜂蜜或糖拌米饭饲喂。用作预防时，1粒巴豆喂6～7只鸡，治疗时喂2～3只鸡。巴豆有毒不可多喂，同时要妥为保管，制药后要用肥皂洗净双手。

(10) 山豆根疗法　山豆根6份，土黄连4份，绿豆粉8份，雄黄、小苏打各1份。先把前两种切片烘干并研末过筛，再同后3种药相浸成剂，拌食料或制成小丸喂鸡，成鸡每只喂2～3克，小鸡每只喂1～1.5克，可防病治病。

(11) 煤油疗法　取面粉若干（最好是荞麦粉，其次是玉米粉，再次是小麦粉）放入容器中，用新鲜煤油一滴滴地注入面粉中，并用手指捏拌，至小团粒，如不能成团粒，可加点温水调和，每只病鸡每次喂7粒豌豆大药丸，4小时1次，每天喂3次，病危的夜里加喂1次，一般连喂2天（重病鸡喂3昼夜）即愈。未表现病症的鸡，每天喂1次，连喂2天，可预防。也可将药剂按上述用量拌食喂病鸡，病重的则强制喂药。药要随拌随用，拌料后最多只能放置半天，否则药效大减。

(12) 仙人掌疗法　取仙人掌适量，去刺、捣烂如泥喂鸡，每次5克，每日喂3次，连喂3天。

(13) 苦蒿疗法　把苦蒿嫩叶揉成胡豆大的小粒，每只成鸡喂7粒，小鸡酌减，每天喂1次，连喂7天。

(14) 大蒜疗法　将大蒜捣碎拌入食用油灌病鸡，每只鸡灌2～3克，连灌2次病可好转；或将大蒜放入白酒中浸泡24小时，每天给每只鸡喂1～2瓣，连喂8～10天。

(15) 绿豆疗法　绿豆1份加白矾1份，碾成粉，加水调成糊状。每天给病鸡喂3次，每次2～3汤匙，连喂7天。

（16）食盐疗法　用5%的食盐水泡饲料2小时，连喂3～4天。

（17）醋疗法　用醋0.25千克加0.5千克麦麸拌匀，在鸡瘟流行前连喂7天。

（18）石灰疗法　用生石灰0.5千克加水5千克滤去渣，泡2.5～4千克大米或小麦，12小时后晾干喂病鸡。

（19）癞蛤蟆疗法　取癞蛤蟆一只捣碎与0.6千克小麦兑水浸泡，浸泡一天后晒干喂鸡，一年喂两次可防鸡瘟。

（20）白酒疗法　取高粱或玉米500克，用白酒浸泡两小时后喂鸡，日喂3次，连喂3～4天。

（21）生姜疗法　取生姜10克，切碎后加入明矾粉50克，拌匀后喂鸡，一周喂1～2次。

（22）鲜豆腐疗法　取鲜豆腐500克，加250克硫黄末，拌匀后喂8～12只鸡，喂3～5天。

（23）大黄片喂鸡　用大黄片1粒，每日喂3次，每次配0.05克维生素C-1粒，疗效显著。

（24）黄连素　每日2次，每次1支，肌内注射，一般3日后可见好转。

（25）猪苦胆浸绿豆喂鸡：取健康猪的苦胆一个，装入绿豆25～50克，用细线捆住胆口挂在干燥通风处，7～10天后，待绿豆吸干胆汁，可取出喂鸡，每天喂10～20粒，如已发病可服20～40粒，连服4～5天。

（26）大蒜拌绿豆喂鸡　将大蒜去皮捣烂，再加绿豆面和玉米面各1/3，加水拌成颗粒状喂鸡2～3次。此法亦同样适于鸭、鹅瘟。

（27）蛇酒麦喂鸡　把蛇浸在酒瓶里，待蛇溶化后加入250克麦粒，麦粒浸透后用来喂鸡，次数和数量不限，但不要将鸡喂的醉死。

（28）韭菜猪油喂鸡　取韭菜叶1.5两与猪油1两调拌喂鸡，鸡瘟在几小时内就可治愈。

（29）半边莲喂鸡　取新鲜干净的半边莲2.5千克，加水2.5升，煎成半边莲液1.5千克，每天早晚每只鸡灌服5毫升。

（30）板蓝根喂鸡　取板蓝根适量，煎水喂鸡，或胸肌注射板蓝根液4毫升。

（31）杨桃叶喂鸡　取杨桃叶适量，切碎混料喂鸡。

（32）茶辣籽喂鸡　取茶辣籽适量，捣碎喂鸡。

（33）龙骨喂鸡　龙骨捣烂，与饲料混合每只鸡每次喂0.5～1两。

（34）大蒜拌辣椒喂鸡　取大蒜、辣椒、花生油各适量。将大蒜、辣椒捣碎，用花生油调匀，喂鸡。

（35）大蒜石灰酒喂鸡　每防治一只，用大蒜一瓣，捣碎。取占鸡一顿食1.5%的石灰粉，再加极少量的白酒与鸡食搅匀，每天1次，连喂4天，防治效果好。

（36）大蒜蘸鸡血喂鸡　用针刺病鸡翅膀下部，取其血蘸大蒜喂鸡，多数可治好。

（37）鼠屎调桐油喂鸡　老鼠屎2～3粒，用桐油浸湿喂病鸡，每天1次，连喂3～6天。

（38）针刺放血　用针刺病鸡腿上大动脉，连刺3～5针，然后提起翅膀，揉搓鸡的全身，以促进血液循环；使病毒从针眼中排出；同时，给鸡灌服一汤匙捣碎的大蒜汁，1～2天后病即好转。亦可用缝衣针刺破鸡冠放血，一周内可愈。

（39）血液疗法　先取打过防疫针或病愈鸡的血液1毫升，立即经病鸡翅膀内静脉注入。也可将病愈鸡的血液，置于干净试管中，待血液凝固后，取其上清液（血清）部分，加入青、链霉素（1毫升血清加青霉素1万国际单位、链霉素1万单位），从病鸡翅膀内侧注入该血清0.4毫升即可。

（40）青石合剂喂鸡　取青木香10克、石膏10克、老鼠屎5克，捣成粉末，拌大米3两，用生水4两浸泡1～2小时，日喂3次，连喂2天。

(41) 二莲合剂喂鸡　穿心莲、半边莲各适量，煮水喂鸡，每天2次，连喂3天。

六、民间验方治疗鸡瘟

验方一　取大黄、胆草、板蓝根各150克，苦参、生地100克，巴豆60克，甘草50克，生石灰100克。以上为100只大鸡一日用量。先将生石灰加水5升充分搅匀，取澄清液，再将甘草等7味药加水15升，煮沸15分钟，然后每只病鸡先灌服石灰水3～5口，半小时后再灌服中药液5毫升，每隔3小时灌一次。

验方二　取大黄15克、大青叶15克、胆草15克、苦参15克、巴豆10克、桑根20克、生地10克、甘草15克，加水3碗，煎至2碗，待用。用时，病鸡先断食一天，然后灌服，每日3次，连服3天。以上药量可供100只鸡一次服用。

验方三　取双花15克、青蒿15克、骨皮15克、胆草10克、紫草10克、黄芩20克、板蓝根25克、鱼腥草20克，水煎。取药汁加白糖1两，浸泡食物或灌服，每天3～4次。以上量可供20只大鸡服用一天。

验方四　取山豆根6份，土黄连4份，绿豆8份，雄黄、小苏打各1份，研末拌饭喂鸡。

验方五　取双花20克、甘草10克、蜂蜜50克。将双花、甘草加水一碗煎好，再加蜂蜜拌匀，凉后灌服。每日3次，连用2天。以上量可灌500克左右的鸡5只。

验方六　取半边莲250克、马齿苋150克、大蒜头100克、苍术（烤）50克、干辣椒（烤）25克、雄黄（烤）75克、樟木叶（烤）75克。混合研末喂鸡，上述量可喂100只鸡。

验方七　取路边荆、铁马鞭（鲜）尖子各适量，切碎喂鸡，每日3次。

验方八　取大黄、胆草、板蓝根、连翘各10克，苦参、生地、甘草各5克，煎拌料喂鸡。以上为10只鸡用量。

验方九　取明矾1.5份、雄黄1份、甘草1.5份、共研细

末，每日1～2次，每次2克。

验方十　取巴豆31克、香附31克、雄黄94克、薄荷94克、甘草16克，共研细末，加入适量蜜糖，做成黄豆大小药丸。大鸡每次2～3丸，小鸡1～2丸，一日3次，连喂2～3天。

验方十一　取穿心莲50克、鲜桃叶75克、十大功劳100克、布荆150克、九节茶75克、三丫苦75克、三白草150克、鲜苦楝根皮150克，加水煎至1 300毫升，每只鸡灌服10毫升，每天3次，连服3天。

验方十二　取龙胆草25克，穿心莲10粒，土霉素3粒，四环素5粒，红霉素2支，青蓖麻100克，蒲公英50克，黄连5克，绿豆粉150克，人丹40克。

以上药物共研，加入5倍饲料中或米中，先把米加入少量的烧酒，最好是麻油或茶油。将药物和食物充分拌匀，至手握成团一撒就开为止。用药量视鸡病情而定，一般一剂可治100只鸡。人工喂或让鸡自啄，同时喂一些水，连用3天，每天喂1次。

验方十三　取生石膏（捣碎）30克、滑石30克、大黄9克、麦冬9克、生地9克、柴胡9克、玄参9克、黄芩9克、升麻9克、竹叶9克、连翘6克、荆芥6克。上述剂量为一服药，加500克小麦，共同混入，充分搅拌后冷水适量煎煮，直到小麦煮熟为止，捞出即可。早晚各一次，每付药可喂7～10只鸡。

验方十四　取党参31克，蜈蚣10条，全虫10个，甘草31克，巴豆31克，车前子31克，白脂31克，郁金31克，桑螵蛸31克，良姜62克，桂枝62克，神曲125克，滑石156克，肉桂93克，川芎62克，乌药31克，积壳31克，生姜156克，配白酒0.5～1千克。煎出药汁后，去渣，再与小麦同煮，待小麦将药汁全部吸进，再用少许白酒拌和药麦。一剂药可喂400只病鸡，吃药1小时后鸡开始好转。

验方十五　取穿心莲0.2克，甘草0.5克，雄黄0.5克，神曲1克（或食母生1～2片），白矾0.5克，以上5种药混合成散包装。每只鸡服1～2包即愈，治愈率94%。服法：第一天服1包，分2次；第二天服半包；第三天服半包配温水让鸡饮；第四天用1/4加入饲料让鸡吃，以后用尿或醋浸泡的饲料喂鸡，直至治愈。

验方十六 取穿心莲15克、神曲50克、胃蛋白酶200克、蛇麦200克，甘草、巴豆、雄黄、白矾各25克，混合粉碎碾成末，配成粉剂或片剂。蛇麦做法是：将白花蛇舌草混入米酒中，溶化后取小米（或其他粮食）混入酒瓶，晾干即成。当鸡瘟发作时，每只共喂该药4次。第1天、第2天早晚各喂2次，每次2.5克内服。以上二方经过本书作者王文中试用多次，有效率均在95%以上。

七、鸡瘟二次发生后的处理

若鸡只在免疫接种后又发生了鸡瘟，可采用以下4种防治措施。

（1）将患鸡隔离并杀灭，深埋或焚烧死鸡，并彻底清洁现场且进行消毒处理。

（2）用新城疫1系疫苗增量为正常防疫的3倍，进行全群紧急肌内注射，同时，每只鸡用盐酸左旋咪唑15毫克化水喂饮，每天1次，连饮3天，这样可使鸡体内抗体水平升高。

（3）用抗生素和维生素C溶解于浓度为5%的葡萄糖溶液中喂饮，既可增强鸡体抗病能力，又可防止继发性细菌感染。

（4）在饲料里适量添加多种维生素，既可提高鸡只的抗病能力，又可促使鸡群尽快康复。

八、鸡霍乱的预防和治疗

鸡霍乱又称鸡出血败，是由多杀性巴氏杆菌引起的一种急性败血性传染病，多经消化道和呼吸道传染。阴雨潮湿、鸡舍通风不良、营养不佳等均可诱发本病。且四季均可发病，以春、秋和夏末较多发生。在乡村多呈散发性流行传染，发病快，死亡率

高，是当前养鸡业的大敌。

鸡霍乱分急性和慢性。慢性病鸡症状为翅膀下耷，食欲不振，精神萎靡，粪便呈绿色糊状，发病后1～2天死亡。急性鸡霍乱一般表现不出症状，发病后两腿、两翅乱动，几分钟后即可死亡。

1. 预防措施

(1) 禽霍乱氢氧化铅甲醛菌苗，对3个月以上鸡每只胸肌注射2毫升。

(2) 鸡霍乱弱毒活菌苗，每只鸡注射1毫升，免疫期4～6个月。B期免疫：鸡饲料中加入磺胺噻唑、碘胺二甲基嘧啶或抗生素药物，可控制病情流行。C期免疫：加强饲养管理，增强鸡体抗病能力。场地、鸡舍、饲具定期消毒，隔离病鸡，切断传染源。对病死鸡要深埋或火烧处理。消毒剂以10%石灰乳或1%漂白粉效果较好。

(3) 将小麦淘净，用葫里汁拌潮晒干，每5～7天喂1次，中成鸡预防用每次喂25～50粒，如治疗可按上述剂量，每天喂2次，连喂2～3天即可治愈。

(4) 取野菊花60克、石膏15克，加水250毫升煮沸，冷却后内服。每次鸡喂1汤匙，每天3次，连喂2～3天，治愈率达90%以上。若每次加50%常水，每天2～3次，连喂2～3天可作为预防。

2. 治疗措施

(1) 喂蒲公英合剂　取蒲公英、马齿苋、黄连、野菊花、金银花各15克，煎水拌入饲料，可喂10只鸡。

(2) 喂蒜头　每餐喂一定量的蒜头，效果也很好。亦可用10%的大蒜汁喂鸡。

(3) 喂穿心莲等药　每10只鸡用穿心莲10克、鸡屎藤15克、九层皮5克、香附草15克，煲水拌料或饮水，连喂3天。

(4) 喂千斤拔等药　每10只鸡用千金拔15克、金银藤20克、三叉虎15克、过江虎15克、石菖蒲5克，煲水拌料或饮水，连用3～4天。

(5) 喂山豆根等药　每10只鸡用山豆根10克、黄连5克、胆草4克、雄黄1克、苏打2片，加少量绿豆煲水拌料或饮水，连用2～3天。此方可酌情加减使用，如病重可减苏打加桑白3克，涨嗉加香附5克，高热口渴加石膏8克。

(6) 喂自然铜等药　取自然铜50克、藿香100克、苍术100克、厚朴50克、白芷75克、乌梅75克、大黄50克，加水1升。自然铜要捣碎先煎30分钟，放药煎1小时，可供100只鸡服用。

(7) 喂野菊花石膏　取野菊花25克，开水浸泡后加石膏5克，灌服。

(8) 喂芝麻叶等药　取芝麻叶4份、雄黄4份、马鞭草4份、大蒜1份，混合研末拌料喂。成鸡每天4～5克（干），小鸡减半，连喂3～5天。

(9) 蟑螂3～4个，每只鸡每天喂4次，1周可治愈。

(10) 一见喜叶（也叫穿心莲叶），每只鸡每次3～6克内服，每天2次，连服数天。

(11) 取灶心土30克、枯矾15克、蒲公英15克、车前草12克、黄芩12克，水煎内服，每天2次，每只病鸡5～10毫升，一般2～3天可治愈。

(12) 取明矾30克、雄黄45克、甘草10克，研末喂鸡，每只每次6～10克。

九、鸡白痢的土法防治

鸡白痢是一种常见且危害极大的传染病。主要危害雏鸡，常引起雏鸡大批死亡，幸而不死的亦生长缓慢。成年鸡亦会传染此病，造成生长不良，产蛋率和孵化率降低，使经济造成很大的损失。为此，特介绍下列防治方法，供选用。

(1) 喂大黄苏打片等药片　在雏鸡饮用的水中，每1.5升加入含量0.3克的大黄苏打1粒，复合维生素B-3片，连续饮用

5 天，一般第 2 天见效，5 天后治愈。

（2）喂醋米　用白醋浸小米或玉米喂鸡，1 日数次。对病情较重的鸡，可加喂 1/3 片磺胺类药物和 2 毫升白醋，每日 3 次。服后给鸡饮清水，小鸡用量酌减。

（3）喂红薯叶　取鲜红薯叶、梗适量，切碎，撒在干净的地上，让鸡自由采食，连喂 3～4 天。

（4）喂白胡椒　白胡椒 5～6 粒放入面球内，塞入鸡嘴，如加几粒绿豆，效果更好。每日喂 2～3 次，连喂 2～3 天。

（5）喂白术　取白术 10 克，研末，拌入饲料中，每只鸡喂 5 克，每天喂 2～3 次。

（6）喂仙人掌　取仙人掌适量，捣烂后直接给鸡食用，或掺入小米、碎米内喂给，每天 2 次，连喂 3～4 天。

（7）喂辣蓼　辣蓼草 20 克，加水 400 毫升，煎至 200 毫升，将药液拌料喂鸡，每天 1 剂，连喂 3～5 天。以上剂量可供一只大鸡喂一天。

（8）喂大蒜、洋葱　取大蒜、洋葱各半，切碎喂鸡，连喂数天。

（9）喂蟑螂　每只鸡每天喂蟑螂 3～4 只，连喂数天即可。

（10）喂旱莲草　取旱莲草 1 份、铁苋菜 2 份，共煮水让鸡自饮，连喂 6 天。

（11）喂马齿苋　取马齿苋、地丁草各 50 克，墨旱莲 60 克，血见愁 90 克，煎汁拌料喂服，连喂 3～4 天，以上剂量可供 10 只成年鸡服 3～4 天，雏鸡用量酌减。

（12）喂马白合剂　马齿苋、白辣蓼各 200 克（干的减半），切细混匀，拌入饲料中，连喂 3～5 天。

（13）喂山鱼合剂　取鲜山苍子树芯、鱼腥草各 5 克，共捣烂取汁，混入碎米内。每天喂 2～3 次，连喂 2～3 天。以上为 20 只小鸡一天用量。

（14）喂术苓合剂　取白术、苍术、茯苓各等量，研成粉末，灌服或拌饲料中喂。幼雏每只 0.2～0.5 克，中雏每只 0.5～1

克。轻症每天1次，重症每天2次。

(15) 喂三黄药丸　取黄连、黄芩、黄柏、连翘、双花、苦参各15克，山豆根30克，大蒜60克，共研细末，加红糖90克，制成黄豆粒大药丸，每次1丸，每天3次。

(16) 喂白辣蓼等　取白辣蓼20克、勒苋菜20克、黑脚蕨20克、酸藤果15克（均取鲜品），煲水拌料或饮水，连服2～3天。以上为10只鸡用量。

(17) 喂白头翁　取白头翁3克、陈皮2.5克、苦参2克、山楂4克、藿香2.5克、法夏1.5克。煲水拌料或饮水，连用1～2剂。上药剂量供10只鸡用量。

(18) 喂五色花根　取五色花根（臭花根）15克、白辣蓼15克、苋草20克，煲水拌料或饮水，连用3～4天。

(19) 喂红糖烧酒　取红糖50克、烧酒100克，调匀，大鸡每次一匙羹，小鸡喂1/4匙羹，每天2次，连喂2～3天。

(20) 取无花果叶（指长的大叶），采摘晾干叶均可使用，用时放锅中加水煮沸数分钟，然后去叶取水，稍冷后喂鸡，连喂3～5天，可治愈鸡白痢。无病的鸡饮后有预防作用。一般每只鸡一次煮1～2片叶。当天服完，无花果熬水饮用，对治愈人的痢疾也有一定效果。

十、鸡痘的土法防治

鸡痘是由鸡痘病毒引起的一种接触性传染性病。鸡不分年龄、性别和品种都可感染，但以雏鸡和外地良种鸡尤甚。本病一年四季均可发生，以春秋两季和蚊子猖獗季节最流行。目前尚无特效药物，一般是用一些民间土法治疗，以减轻病鸡的症状和防止并发其他传染病。

预防鸡痘发生最可靠的方法是接种鸡痘疫苗，目前已广泛推广，尚无特效药物，一旦发生漏免而发生鸡痘时，可用下列土法治疗，效果很好。

(1) 灼烧法　将一根烧红的铁丝直接灼烧鸡痘，直到发出

“吱吱”声，有血水流出，痘被灼烧扁平结一层黑痂为止，再涂碘酒。

（2）煤油涂抹法　市售煤油适量，用棉签蘸油液反复涂患处即可。

（3）高锰酸钾法　用0.1%的高锰酸钾溶液洗涤，再涂龙胆紫。

（4）碘酊、碘甘油涂抹法　患处涂5%碘酊和碘甘油（5%碘酒20毫升加甘油80毫升即成）。

（5）石炭酸凡士林涂抹法　患处涂石炭酸凡士林油。

（6）喂水豆腐法　每只鸡每天喂5～10克水豆腐，拌入饲料中喂给，连喂1周。

（7）冰硼合剂涂抹法　冰片5克，硼砂10克，清油250毫升，煤油25毫升，配成合剂使用，可治白喉鸡痘。每天涂1次，涂时清除假膜。

（8）口服六神丸法　每只鸡每次喂2～3粒，连喂2天。

（9）口服乙酰水杨酸钠法　乙酰水杨酸钠，每天2次，每次0.3克，口服，连用6天。如加适量抗生素和维生素A、维生素C效果更好。此方有预防和治疗作用。

（10）硼酸法　用于鸡眼部肿胀，可切开眼皮，挤出脓液和豆腐渣样物质，再用2%硼酸溶液消毒，然后涂金霉素或青霉素等眼膏，防止继发感染。

（11）涂新鲜丝瓜叶汁法　将新鲜丝瓜叶捣汁，早晚各涂1次，连用5～6天。

（12）口服大蒜合剂法　取大蒜、野南瓜、仙鹤草各适量，加雄黄适量，煮水内服。

（13）口服银翘散法　取双花、连翘、板蓝根、鱼腥草、石膏、知母，每只鸡取各药3～4克熬汁灌服。

（14）剥离法　剥去咽喉部凝结物，用1%的PP粉水擦洗，再用六神丸5粒研细敷患处，2～3次即愈。

（15）气雾免疫法　用上海产的2B型荷花牌喷枪一只，工作时每平方厘米的压力为5～6千克，使鸡痘鹌鹑化弱毒疫苗雾化悬浮于空中，雾化后的粒子为0.1～100微米，鸡吸入雾化后的疫苗，达到免疫目的。雾化多在晚上进行，喷雾前关闭门窗。用量刺种法为每千克鸡用疫苗1毫升，稀释使用，而气雾法则在刺种法基础上增加1/3量，以抵消空气损耗量。疫苗稀释500倍，即可供气雾免疫用。

（16）涂油灰法　以适量茶油调鲜草木灰，涂擦患部，连用3天见效。

（17）涂蒜醋法　取大蒜捣烂后与食醋按1∶1配成药膏，每天早晚各涂擦1次，第3天后改为每天擦1次。

（18）涂醋精法　用食用醋精涂伤口。

（19）擦盐油法　用食盐与花生油、茶油、菜油混合擦伤口。

（20）口服敌菌净法　伤口和眼滴氯霉素眼药水，并喂服敌菌净半片，维生素A1片，鱼肝油丸1粒，每天2～3次，连用3～4天。

（21）涂甲紫法　除用0.2%的甲紫溶液涂伤口外，每只鸡每次还要喂该溶液1～2毫升，连服3～5天。此药对白喉型鸡痘疗效很好。

（22）来苏儿清洗法　用2%的来苏儿药水或药皂水洗患部1～2次，再涂上甘油或菜籽油。

（23）饮芦苇根汁法　取芦苇根适量加水500毫升煎汁作饮料，连服数日。

（24）饮草黄胆水法　每10只鸡用草决明5克、黄连3克、胆草3克、外加九层皮5克，煲水拌料或饮水，连服3～4天。痘痂用肥皂水或淡盐水洗，然后涂龙胆紫药水。

（25）饮紫胆白水法　每10只鸡用紫草8克、胆草5克、白矾1.5克，煲水拌料喂服。也可用药水洗鸡痘，然后涂龙胆紫药水。

（26）涂柴油法　用碘酒和保留5年以上的柴油，加冰片少许，把结痂剥开，再涂药水，3天即可治愈。

十一、鸡恶食癖的土法防治

鸡恶食癖又叫啄食癖，是鸡互相啄食的一种恶癖，大小鸡都容易发生。母鸡发生后严重影响产蛋和健康。常见的恶癖有以下几种。

1. 症状

（1）食毛癖　是指产蛋母鸡互相啄食羽毛，或是自食羽毛的现象。多发生在发育中的幼雏换羽期、产蛋母鸡的换羽期及盛产期，尤其是当年的高产新鸡最易发生。在鸡群中，一旦发现互相啄羽食毛，就会广泛传开，变成一种恶习，危害极大。

（2）食肉癖　是最常见的一种恶癖，同群鸡互相攻击，发生伤害，甚至死亡，一部分尸体被攻击者吃掉，各种年龄的鸡均可发生。若能在雏鸡中加以预防，在成鸡以前则很少发生。

（3）啄肛癖　是雏鸡最常发生的，特别是发生在雏鸡白痢时，病鸡的肛门被粪块堵塞，其他雏鸡就不断啄食病鸡肛门，造成肛门破伤和出血，严重时甚至直肠脱出，很快死亡。产蛋鸡在交配后，喜欢啄食肛门，或在光亮的地方产蛋时，被别的鸡看到也会去啄食肛门，引起输卵管脱垂或泄殖腔炎。

（4）啄趾癖　幼鸡最易发生，互相啄食脚趾，引起出血或跛行，严重的将趾啄断。

（5）食蛋癖　通常是由偶尔被踩破一个鸡蛋开始，有时是母鸡啄食自己生的蛋，也有因产蛋巢太少，又不及时拾蛋。其原因多是缺乏矿物质和蛋白质，有时与产软壳蛋、薄壳蛋或无壳蛋有关。

（6）食鳞癖　患脚突变膝螨病多见，自己啄食脚上皮肤的鳞片痂皮，但不啄食别的鸡只。

（7）异食癖　是指吃一种不能吃的东西，如砖石、稻草、石灰、羽毛、粪便等。主要由于缺乏营养或严重的寄生虫病和消化道病引起。

2. 发病原因　主要是鸡群密度大；其次是饲料中缺乏动物

性蛋白、盐、矿物质微量元素；再次是光线太强，鸡舍通风换气不良，鸡群感到闷热不舒服。通常采用以下方法改善。

（1）改变密度法　鸡群密度不要太大，一般鸡舍每平方米可养雏鸡20～25只，青年鸡6～8只，成年鸡4～5只。

（2）合理分群法　每200只雏鸡一群，每平方米放养不超过30只，并随着日龄的增长，陆续将公雏挑出另养或出售。

（3）避免强光法　育雏室窗户应设有黑色窗纱遮光，不要使室内光线太强，晚上照明每10米^{2}安装一个60瓦灯泡，以雏鸡能看到、吃食和饮水为度。

另外，对于裸体鸡（出壳后全身没有一根毛），可用适量的花生油擦遍鸡身，然后用温热灶心土擦一遍。过10几天，毛就会长出。此法对大、中、小鸡均适用。对于高产母鸡脱肛，可用硫酸镁（含量在99％以上）按0.03％的比例，溶于水中，让鸡自饮数日后，就可防止母鸡啄肛脱肛。

3. 治疗措施

（1）加喂硫酸亚铁法　广东省化州县水产畜牧局用硫酸亚铁片加维生素B_2治疗几百例啄毛鸡，效果显著，很多群众用后都显奇效。用法为：0.5千克以上的鸡每次服0.9克硫酸亚铁片和2.5毫克维生素B_2，体重在0.5千克以下的酌减，每天2～3次，连服3～4天。

（2）喂炒蛋壳法　把食用后的蛋壳炒后让鸡啄食，可以防治啄蛋癖。

（3）喂蚯蚓法　将新鲜的蚯蚓洗净，煮沸3～5分钟，拌入饲料中喂鸡，可增加动物性蛋白，既能防治啄蛋癖，又能提高产蛋量，一般每只蛋鸡每天给50克左右。

（4）喂豆腐硫磺法　每只鸡喂给50克鲜豆腐、5克硫黄粉，可掺进饲料喂。每天一次，连喂3～4天即可。

（5）加喂碳酸氢钠法　在饲料中补喂碳酸氢钠（小苏打），每天1～2克，补喂15天。

（6）加喂骨粉法　每天每只加喂1～2克骨粉和0.02克硫

酸镁。

(7) 喂氯化钴合剂法：取氯化钴 1 克、硫酸亚铁 10 克、硫酸铜 1 克、硫酸锰 10 克、碘化钾 0.5 克。混合制成粉末，拌入饲料内，供成鸡 1 000 只或雏鸡 2 000 只一日喂服，连喂数天。

(8) 驱虫法　由寄生虫引起的，应将病鸡及时隔离、驱虫治疗。

(9) 洒有气味药水法　将烟叶水、来苏儿等有难闻气味的药水洒在鸡身上，也有一定的防啄食癖效果。

(10) 涂龙胆紫法　外伤引起鸡群叮啄，可在伤处涂擦 1%的龙胆紫药水。

(11) 断喙法　雏鸡出壳 6～9 天可进行断喙，也是防止鸡啄食羽毛症的一项有效措施。

(12) 及时隔离法　经常检查，发现啄伤小鸡，立即抓出给予治疗。同时应将受伤的小鸡与有恶癖的鸡及时隔离。

(13) 保证营养法　小鸡饲料中应含代谢能 11 501 千焦/千克，粗蛋白 18.5%。出壳至 30 日龄喂 8 次，少给、勤添；31～60 日龄，每天喂 6 次，经常使雏鸡维持在大半饱状态。饲料一定要有多种营养成分，特别不能缺乏蛋白质、维生素和矿物质。

(14) 加喂石膏法　母鸡的食毛癖可能由于缺少硫化物及磷、钙所致，故在日粮中加入 0.5%～1%的硫酸钙（天然石膏粉），以及蛋氨酸、脱氨酸等合硫氨基酸在机体内的合成，效果很好。

(15) 添加食盐法　有些恶癖，如啄肛、啄趾和啄翅等，是由于饲料中缺少食盐或某些矿物质引起的，采用食盐疗法可治愈。在喂谷物饲料时加入 1%～2%的食盐，连喂 3～4 天，此类恶癖很快消失。

(16) 添加蛋氨酸法　不能单喂一种饲料。产蛋鸡需要供给一些重要的氨基酸（如蛋氨酸、色氨酸）。据试验报告证实，在饲料中添加 0.2%的蛋氨酸，能减少鸡群发生恶食癖。

(17) 加喂维生素 A 法　给鸡加喂适量的维生素 A，亦可减少恶食癖。

（18）加喂纸屑法　发现鸡啄毛，可将白纸碎片掺到饲料中喂鸡，连喂几天，可治疗鸡啄毛。纸屑日喂两次，一般一张大白纸够 50 只鸡两天食用。

（19）添加羽毛粉法　按饲料量 3％喂给羽毛粉，可治疗鸡啄羽癖。

参 考 文 献

陆荣海．1995．养鸡小窍门 100 例 [M]．北京：农村读物出版社．
马洪钱．2002．兽医本草拾遗 [M]．北京：中国科学技术文献出版社．
魏刚才．2008．降低蛋鸡死淘率关键技术 [M]．北京：化学工业出版社．
赵敢，黄晨．1993．母鸡增蛋 200 法 [M]．南宁：广西民族出版社．
张贵林．2004．禽病中草药防治技术 [M]．北京：金盾出版社．

图书在版编目（CIP）数据

养鸡致富诀窍/张贵林，张琦主编．—北京：中国农业出版社，2015.5（2018.6 重印）
（畜牧技术推广员推荐精品书系）
ISBN 978-7-109-19576-9

Ⅰ.①养… Ⅱ.①张… ②张… Ⅲ.①鸡－饲养管理 Ⅳ.①S831.4

中国版本图书馆 CIP 数据核字（2015）第 060610 号

中国农业出版社出版
（北京市朝阳区麦子店街 18 号楼）
（邮政编码 100125）
责任编辑 张艳晶 郭永立

北京万友印刷有限公司印刷 新华书店北京发行所发行
2015 年 5 月第 1 版 2018 年 6 月北京第 17 次印刷

开本：889mm×1194mm 1/32 印张：7
字数：170 千字
定价：22.00 元